本书编写委员会

主　编　王月颖　何　冬　杨　媛

副主编　苑　卉　李文晋　黄志挺

主　审　黄志刚

参　编　刘　静　刘静瑜　余　朗　张明裕
　　　　　唐　宏　李　玥　程朝远　韩佳琪

职业教育艺术设计类专业教材系列

UI设计

王月颖　何　冬　杨　媛　主　编
苑　卉　李文晋　黄志挺　副主编

科学出版社
北　京

内 容 简 介

本书构建了三个典型UI设计项目：项目一中国年画数字媒体资源库UI设计介绍了UI设计的工作流程与规范；项目二简历型个人网页UI设计介绍了展示型UI设计的工作流程和界面的美化方法；项目三“赵二火锅”品牌UI设计介绍了商业UI设计的工作流程与品牌意识下的UI设计创意。每个项目根据工作流程分为UI设计需求分析、UI设计内容策划、UI视觉设计、UI输出与展示四个学习任务，以使读者熟悉、掌握UI设计的流程和技能。

本书可作为职业教育艺术设计类专业系列教材，也可供广大UI设计初学者阅读参考。

图书在版编目（CIP）数据

UI设计 / 王月颖，何冬，杨媛主编. —北京：科学出版社，2021.3
（职业教育艺术设计类专业教材系列）
ISBN 978-7-03-066131-9

Ⅰ. ①U… Ⅱ. ①王… ②何… ③杨… Ⅲ. ①人机界面-程序设计-职业教育-教材 Ⅳ. ① TP311.1

中国版本图书馆CIP数据核字（2020）第176138号

责任编辑：沈力匀 / 责任校对：马英菊
责任印制：吕春珉 / 封面设计：金舵手世纪

科学出版社 出版
北京东黄城根北街16号
邮政编码：100717
http: //www.sciencep.com

三河市骏杰印刷有限公司印刷
科学出版社发行　　各地新华书店经销
*
2021年3月第　一　版　　开本：787×1092 1/16
2021年3月第一次印刷　　印张：7 3/4
字数：220 000

定价：45.00元

（如有印装质量问题，我社负责调换〈骏杰〉）
销售部电话 010-62136230　编辑部电话 010-62135235

前　言

UI即user interface（用户界面）的简称，是人与使用设备进行交互的操作平台，如手机界面、计算机界面、ATM（automated teller machine）机界面等。UI设计即user interface design（用户界面设计）的简称，是指对软件的人机交互、操作逻辑、界面美观的整体设计。随着信息技术的高速发展，由信息技术所引导的传播媒介变革带来了设计的变革，人们对人机交互、操作逻辑、界面美观的要求越来越高，UI设计成为企业打造核心竞争力的重要手段，UI设计技术的岗位需求量激增。针对行业对高素质UI设计人才的迫切需求，众多职业院校调整了专业人才培养方向，确定了UI设计为艺术设计专业、数字媒体艺术设计专业的核心课程，以培养UI设计岗位的创新型、应用型人才。

四川工商职业技术学院UI设计课程于2019年被确定为四川省省级"课程思政"建设示范课程，是典型的"行动导向""工学结合"课程。课程引入实践设计企业的操作规范，将课堂改为工作室，营造工作室的实训环境，给学生带来真实的工作体验，构建了UI设计需求分析—UI设计内容策划—UI视觉设计—UI输出与展示的项目驱动人才培养模式。

作为项目化教材，本书结合新形势下职业院校的教学实践，力求体现以下几个方面的特点。

（1）围绕"工作室制"教学模式更新教学理念，以工作室真实项目为内容，以工作流程为学习任务，体现项目带动专业课程的教学过程。

（2）构建三个典型的设计项目工作流程循环，由易到难，让学生熟能生巧。每个项目依据教学及学生身心发展的规律，在资讯学习—制订计划—决策分析—实践实施—过程监控—汇报评价六步法的总体教学设计思路指导下，结合接单—策划—设计—输出的典型工作过程，有针对性地融入相应的思政教学点，形成UI设计需求分析—UI设计内容策划—UI视觉设计—UI输出与展示四个学习任务，让学生能快速地掌握UI设计技能。

（3）以学生为主导，对不同层次的学生设定不同层次的目标，体现"因材施教"的教学理念，并将优秀的教学成果转化为规范的教学文本，有助于教学改革的推广发展；以培养学生独立思考能力和个性发展、具有创业基本素质和开创型个性的人才为目标，培养学生的创业意识、创新精神，为学生自主创业发展打下基础。

本书编写成员均来自一线教师和企业（行业）生产技术人员。在编写过程中有关领导和同行提出了一些宝贵的意见，对全书的体例和实践部分进行了多次的指导，并参考了部分专家学者的研究成果及技术文献，在此特别表示感谢。此外，感谢四川工商职业技术学院、四川艺术职业学院的李志明、李露、罗梦真、王婷、谢琪峰、程思乐、卢春静、周琳、张肖、李玉琳、张娇、李帝好、巫元博、陈力、徐曼莎、刘阳春、唐敏、廖林、刘晓惠、田佳玲、张瑾澄、毛卓、兰浩文、赵敏、张玉、谢曦、付秋晴、赖静、杨韵怡、何钰娴等提供的优秀设计素材，也感谢四川工商职业技术学院设计艺术系艺术设计教研室、数字媒体艺术设计教研室全体教师在编写过程中付出的辛劳。

本书的编写是一种探索和尝试，由于编者学识和实践的局限，难免存在不足之处，敬请广大读者提出宝贵意见和建议。

目　　录

项目一　中国年画数字媒体资源库 UI 设计

项　目　导　学

<table>
<tr><td colspan="2">项目概述</td><td>本项目以中国年画数字媒体资源库 UI 设计为案例，让学生掌握 UI 设计的基础规范与设计流程，同时引导学生欣赏与热爱中国传统年画艺术，激发学生对中国传统年画传承、创新的责任感。鼓励学生结合新时代条件传承、弘扬中华优秀传统文化与中华美学精神</td></tr>
<tr><td rowspan="3">学习目标</td><td>知识目标</td><td>掌握 UI 设计基础规范与设计流程</td></tr>
<tr><td>技能目标</td><td>具备移动应用与网页 UI 规范设计能力</td></tr>
<tr><td>课程思政目标</td><td>基本目标：培养敬业精神、精益求精的工匠精神、社会责任感、诚实守信的职业道德、积极进取的抗挫折能力、服务意识、团队精神、严谨的学习态度
较高目标：培养传统艺术审美修养
更高目标：培养传承创新精神</td></tr>
<tr><td colspan="2">重点和难点</td><td>重点：UI 设计流程
难点：UI 设计基本规范</td></tr>
<tr><td colspan="2" rowspan="4">学习内容</td><td>任务一　中国年画数字媒体资源库 UI 设计需求分析
【学习内容】项目设计客户分析、项目设计背景分析、项目设计主体分析、项目设计内容分析、项目目标用户分析、项目设计目标分析</td></tr>
<tr><td>任务二　中国年画数字媒体资源库 UI 设计内容策划
1．风格策划
【学习内容】寻找项目整体风格、确定色彩搭配风格、确定项目配图风格、确定项目字体风格、确定项目界面版式风格、确定项目文案风格
2．信息架构策划
【学习内容】运用思维导图软件搭建项目信息架构图
3．交互框架策划
【学习内容】PC 端交互框架策划、移动端交互框架策划</td></tr>
<tr><td>任务三　中国年画数字媒体资源库 UI 视觉设计
1．规范配色
【学习内容】确定主色、确定辅色、寻找点睛色、确定全局通用色
2．规范配字
【学习内容】PC 端配字、移动端配字
3．规范配图
【学习内容】图标设计、图片设计、组件设计</td></tr>
<tr><td>任务四　中国年画数字媒体资源库 UI 输出与展示
1．规范标注
【学习内容】标注页面元素的大小、间距、材质属性，以及页面元素的动态变化
2．规范切图
【学习内容】图片切图、图标切图、可拉伸元素切图、动效元素切图
3．Axure RP 9 展示
【学习内容】页面链接交互展示、触发元素大小变化交互展示、触发元素颜色变化交互展示、图片自动轮换交互展示、触发元素旋转交互展示、收藏按键类交互展示
4．H5 平台展示
【学习内容】认识平台、展示效果制作、预览与发布</td></tr>
<tr><td colspan="2">教学方法</td><td>讲授法　讨论法　案例演示法　项目教学法　任务驱动法　引导文法　情景模拟法</td></tr>
<tr><td colspan="2">教学资源</td><td>教学设施设备：计算机、手机、触屏设备
教案：规范教案
网络资源：“UI 中国”“人人都是产品经理”“站酷网”“花瓣网”“百度脑图”等
案例或项目：引用具有针对性的实际案例</td></tr>
</table>

任务一　中国年画数字媒体资源库 UI 设计需求分析

着手进行一个项目的 UI 设计之前，要先对项目需求进行一系列分析，一般从项目设计客户、项目设计背景、项目设计主体、项目设计内容、项目目标用户、项目设计目标六个方面进行。项目设计客户分析可以让 UI 设计师快速了解设计背景，从而使 UI 设计师能快速找到项目主体，项目设计主体的分析能够确定项目的设计内容，项目目标用户的分析可以使设计目标更加清晰，从而让整体 UI 设计方向更加准确。

中国年画数字媒体资源库 UI 设计需求分析

1. 项目设计客户分析

本项目设计客户为国家优质高职院校——四川工商职业技术学院“刘竹梅绵竹年画大师工作室”（简称“工作室”）（图 1-1）。2014 年教育部印发了《完善中华优秀传统文化教育指导纲要》，本项目设计客户肩负着传承中华优秀传统文化、培养传承创新设计人才的使命。通过工作室的建设，本项目设计客户可以积累大量的中国年画资料。

图 1-1　刘竹梅绵竹年画大师工作室

2. 项目设计背景分析

年画在我国寓意吉祥，是我国非物质文化遗产（简称“非遗”）。在漫长的岁月里，年画随着年节风俗的演变而衍生形成一种中国民间特殊的象征性装饰艺术，它的起源可以追溯到人类远古时期的自然崇拜观念和神灵信仰观念。早期的年画都与驱凶避邪、祈福迎祥这两个主题有着密切的关系。在祈祷丰收、祭祀宗祖等年节习俗化过程中逐渐出现了与之相适应的年节装饰艺术，如传统年画《连年有余》《落地门神》等。但如今，中国年画传统艺术正面临着生存危机，究其原因主要是：传统手工艺大多靠长期经验积累，以口传心记的方式传承，其本身具有多种特性，如生态性、变异性、传承性、活态性等，所以对其进行保护的难度相对较大。

20 世纪 90 年代以来，数字化技术发展迅速，尤其是信息、网络技术等手段的广泛运用也令中国年画这一文化遗产保护事业有了新的途径。通过数字化技术采集、存储传统年画资料及制作工艺，建立年画数字化资源数据库，可以实现年画艺术的备档和共享，进而对中国传统艺术工艺进行挽救、传承与发展。

中国年画数字媒体资源库的建设是随着计算机信息技术的出现而迅速发展起来的一个新兴领域，包含了数字媒体资源的获取、组织、开发、共享、应用等。近年来数字媒体资源凭借其海量存储、便捷利用、管理创新等方面的优势迅速在非遗保护中得到了广泛的认同。在非遗的保护和传承的具体要求下，中国年画数字媒体资源库的建设必将担负起中国年画新时代活态传承的使命，因此中国年画数字媒体资源库的建设内涵也必须结合中国年画及非遗的特点进行。

3. 项目设计主体分析

本项目的设计主体为中国年画数字媒体资源库的建设。

4. 项目设计内容分析

构建中国年画数字媒体资源库共享平台，包括了 PC 端与移动端的 UI 设计。其中包含中国年画纸质、声像等各类档案资料、数字资源，年画实物，刻版、印刷工具，套版等实体资源，这些显性知识，直观且易于数字化。同时，中国年画数字媒体资源库还包含了中国年画刻、印、绘等艺术表现形式，其中蕴含的寓意和愿景，世代承袭的创作理念、工艺技法、审美情趣为隐性知识。

5. 项目目标用户分析

用户 1：艺术设计类相关专业学生。

需求：通过本项目可了解中国年画艺术，掌握中国年画的艺术特征、绘制技法及创新设计方法。

用户 2：对中国年画传统艺术感兴趣的社会人群。

需求：通过本项目了解中国年画传统艺术，提升自身的审美修养。

6. 项目设计目标分析

中国年画数字媒体资源库的设计目标是实现活态传承。所谓活态传承，即通过将显性知识学习内容转化为自身知识技能并与隐性知识相融合，升华并外化新的知识融入现代生产、生活的过程。艺术创新作为此间的重中之重，存在于显性知识和隐性知识不断循环转化的过程中。这就要求在中国年画数字媒体资源库建设的过程中要通过显性知识和隐性知识的循环转化，实现知识创新的螺旋式上升，以利于中国传统文化的传播和开发利用，并在保存中国年画非遗特色的同时，适应当代年画审美艺术发展的需要，赋予中国年画创新发展的生命力。

中国年画数字媒体资源库建设不仅要实现相关实物资源的数字化，更关键的是要建设统一的标准体系，以实现相关各方数字资源的有效整合，为实现中国年画数字媒体资源库的资源共享利用和艺术创新打下基础。

任务二　中国年画数字媒体资源库 UI 设计内容策划

UI 设计内容的策划需要调研分析项目风格、信息架构和交互框架等。产品主体面对的客户群体是多元化的，所以无论是在界面风格还是交互结构的设计上都应该有所差异性。例如，在针对年长和年幼的人群时，需要减少界面交互设计，避免操作困难；针对男性群体时，界面设计应注重界线分明，凸显现代感和科技感；而针对女性群体时，界面设计应风格柔和、色调偏暖等。因此，UI 设计内容的策划是项目风格、信息架构和内容布局的整体策划，通过内容策划能够指导 UI 设计师将统一风格的色彩、文字、图形等视觉元素组合在一起形成良好的视觉设计效果。

中国年画数字媒体资源库 UI 设计内容策划分为风格策划、信息架构策划和交互框架策划三个内容。

1. 风格策划

中国年画数字媒体资源库 UI 设计内容策划 · 风格策划

为了确保整个设计团队在 UI 设计各个阶段或在改善设计成果时彼此之间能够充分协调一致，需要一份设计风格策划书作为指导手册。风格策划能够保证不同的 PC 端页面与移动端页面共同拥有一套核心的体验效果，还有助于保证未来的项目后期程序或第三方创作工作不偏离最初的项目风格，能够与整体项目风格保持一致。风格策划是一个项目设计过程的开始，每个项目都应该有固定的设计风格。例如，当我们打开不同类型的网站首页，如图 1-2 和图 1-3 所示，两个 UI 设计使用了不同的配色、图标、字体和文案，能明显感受其设计风格的不同。UI 设计风格就是一种视觉感受，就像在室内装修的时候，室内设计师会问客户喜欢什么样的设计风格，是现代简约风格、古欧式风格，还是美式乡村风格？然后根据相应设计风格选配相应的涂料颜色、家具、灯具及窗帘等软装饰。那么，本项目风格应该如何确定呢？

图 1-2　四川工商职业技术学院网站首页

1）寻找项目整体风格

每个项目都有自己的整体风格，这种整体风格是 UI 设计师赋予的，但 UI 设计要忠于产品的功能。项目的整体风格有很多种，如柔美灵巧、阳刚有力、热情奔放、冷酷神秘、简约自然、有趣可爱、优雅高贵、高科技、现代时尚、前卫新奇及复古经典等，每种风格都有着对应的视觉语言，因此需要通过 UI 设计师独特的设计灵感为每个产品赋予自身的气质。这里推荐使用几个设计平台：站酷网（www.Zcool.com.cn），是目前国内最大的设计师交流平台，也包括 UI 设计师，该平台提供很多免费 UI 设计素材，很多 UI 设计

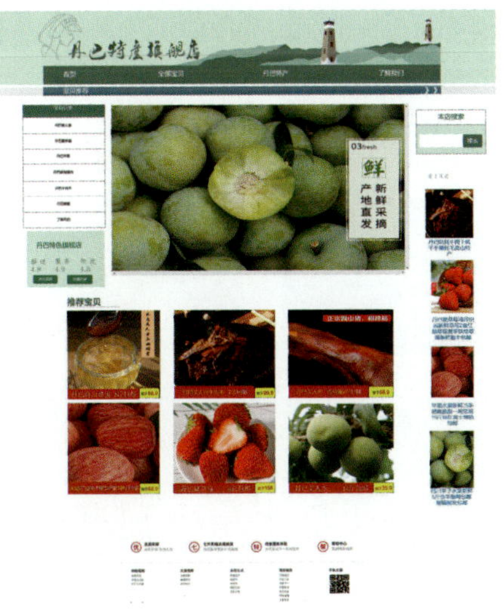

图 1-3　丹巴农产品网站首页

师在这个平台上发布作品，国内很多 UI 设计大赛也在这个平台上举办，还有很多热心作者在上面发布与 UI 设计相关的经验文章；此外还有花瓣网、UI 中国、优秀网页设计、学 UI 网等 UI 设计平台。本项目的设计内容是关于中国年画，那么其项目整体风格应具有“中国风”。

2）确定色彩搭配风格

淘宝网界面的橘色、京东官网界面的红色、微信界面的绿色，这些特殊的品牌色深入人心，可以说，当人们打开网页看到相应颜色就会联想到特定的项目。因此对每个项目进行 UI 设计时都应该确定一个主色，可以作为项目的品牌色，然后根据这个主色，搭配不同的辅助色，设计出各种组件的颜色，组合成完整的网页界面颜色。主色是应用颜色中的灵魂，更是一种可以强化的视觉识别信号。主色会用在应用的导航栏上，导航栏是用户最容易重复看到的。当然也有例外，如微信的配色，除了品牌色绿色，导航栏都是灰色的，控件也是使用不同色阶的灰色来搭配的。作为一定体量的设计应用，如何让用户“不讨厌”其实是一项非常重要的考量。在本项目策划中需要提炼运用中国年画中的色彩进行搭配，如图 1-4 所示，以寻找相似风格的色彩搭配。

图 1-4 色彩搭配风格

3）确定项目配图风格

恰当的图标设计风格，能衬托出项目的整体风格。例如，纤细的线性图标会显得设计高雅，而卡通图标更适合儿童类主题风格。

插图则可以生动地表现出项目的整体风格。本项目在配图风格设计中需要将中国年画的图形合理应用，图标、插图需要根据中国年画气质进行重新设计，所需图片要根据整体项目风格进行统一调整（图 1-5）。

4）确定项目字体风格

恰当地运用字体，可以使产品的定位和内容的情感得到升华。合适的字体风格既可以起到传递信息的功能，也可以增加项目的视觉美感。本项目需要找到符合中国年画气质的字体，如图 1-6 所示。

图 1-5　配图风格　　图 1-6　中国年画资源库字体风格

5）确定项目界面版式风格

界面的版式风格决定项目最终的视觉形象，一个富有艺术美的界面版式风格是在有限的版面空间里，将界面元素按照所要表现的主题和设计美学进行编排组合，以传达项目的个性气质，同时对项目品牌形象的树立有着重要的影响。本项目需要找到与中国年画气质相符的版式风格（图 1-7）。

6）确定项目文案风格

文案是项目的构成要素之一，它是以语词进行应用信息内容的表现形式。合适的文案风格对于加速项目信息的传播有着非常重要的作用，同时能直接体现应用的气质。本项目的文案风格可以借鉴淘宝网整体的文案风格，即欢乐和亲切的感觉。

图 1-7 中国年画版式风格

2. 信息架构策划

在 UI 设计中，项目的实际需求刚开始都是模糊的，整个产品的功能、结构框架也是不确定的，所以，需要 UI 设计师主动地与客户或者项目负责人沟通。这时候可以结合项目需求做出信息架构图（图 1-8），厘清设计思路。做信息架构的方法很多，可以借助百度脑图、幕布、XMind 等专业思维导图软件。

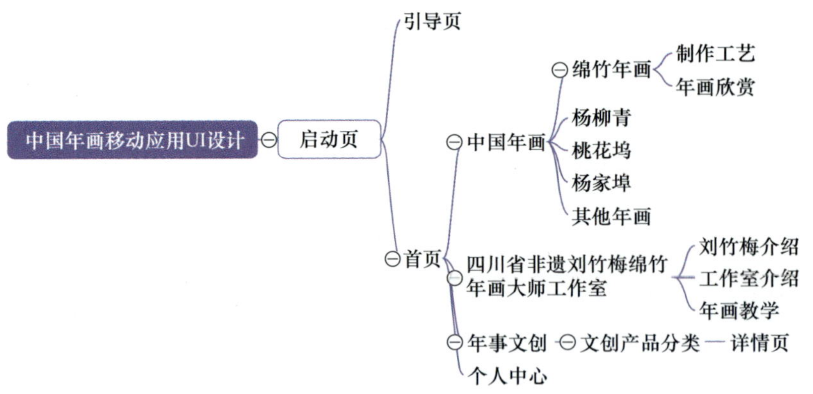

图 1-8 中国年画数字媒体资源库信息架构图

中国年画数字媒体资源库 UI 设计内容策划 · 信息架构策划

3. 交互框架策划

根据项目需求，本项目需要策划两个交互框架：PC 端交互框架与移动端交互框架。

1）PC 端交互框架策划

第一步：绘制 PC 端交互框架草图（图 1-9）。

第二步：运用原型软件 Axure RP 构建 PC 端界面交互框架结构图（图 1-10），以及所有典型页面框架图（图 1-11）。

图 1-9 PC 端交互框架草图

中国年画数字媒体资源库 UI 设计内容策划 · PC 端交互框架策划

图 1-10 Axure RP 构建 PC 端界面交互框架结构图

PC 端交互框架规范（图 1-12）：规范既是标准，也是行业的要求，其也受硬件的影响。

（1）单位规范。PX（pixel）：像素单位；PT（point）：字体单位，中文意思“点”；PPI（pixels per inch）：图像的采样率，该值越大，则屏幕分辨率越高；DPI（dots per inch）：量度单位，用于点阵数码影像，指每英寸长度中，取样、可显示或输出点的数目，该值越大，则图片越清晰。当 Photoshop 中新建画布的尺寸为 72PPI（即 72DPI）时，1PT＝1PX；当新建画布尺寸为 72×2＝144PPI 时，1PT＝2PX。当 DPI 的概念用在计算机屏幕上时，就应称之为 PPI。同理，PPI 就是计算机屏幕上每英寸可以显示的像素点的数量。因此，在电子屏幕显示中提

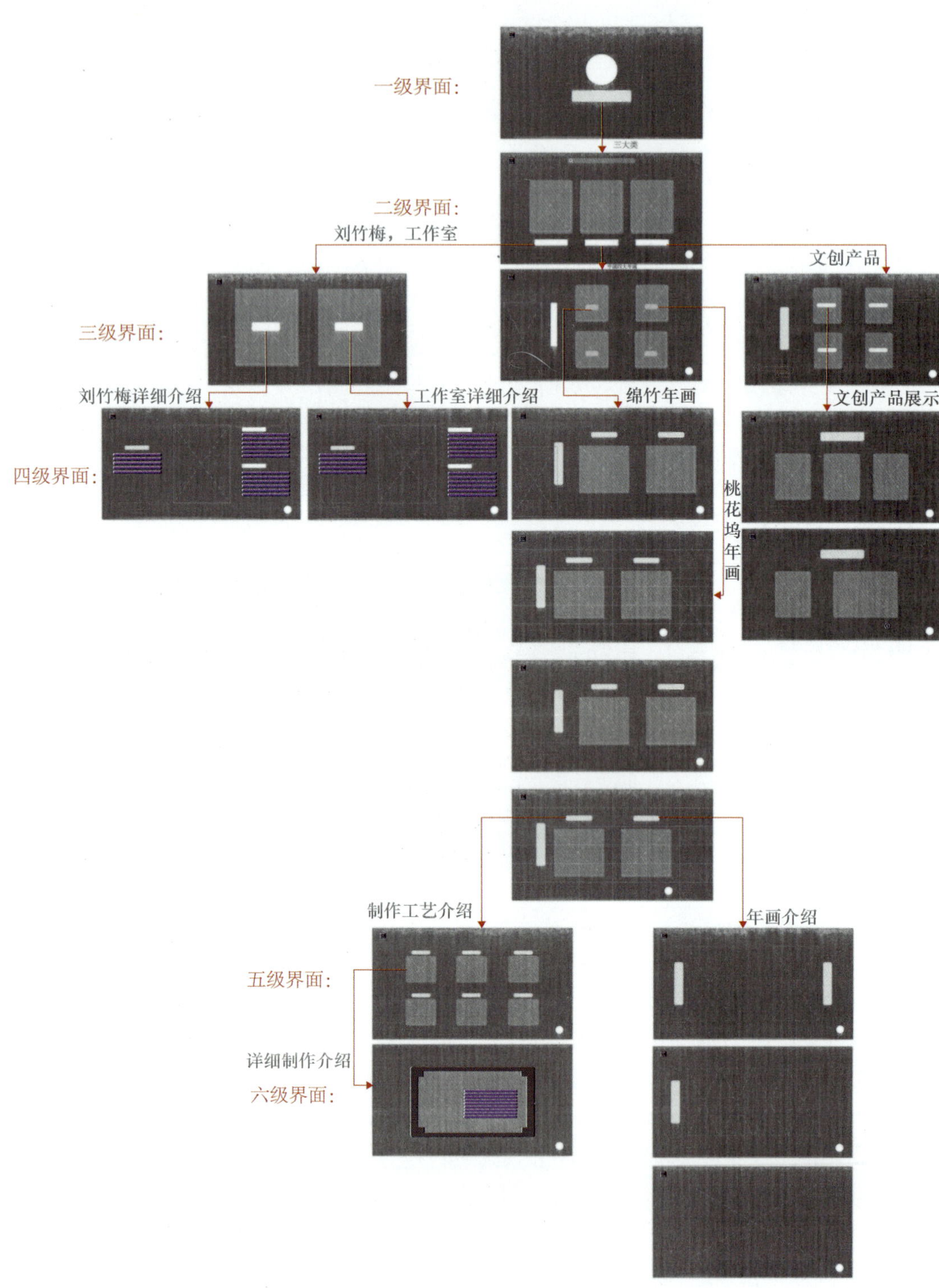

图 1-11 所有典型页面框架图

到的 PPI 和 DPI 是一样的。

（2）界面尺寸规范（图 1-13）。PC 端浏览器主要分为两种类型：IE 核心浏览器和其他核心浏览器。其中，IE 核心浏览器的占比为 65%，如 360 浏览器、搜狗高速浏览器、百度浏览器；其他核心浏览器有谷歌浏览器、火狐浏览器。浏览器不同，UI 设计的规范也有所不同。在 UI 设计常用的设计软件 Photoshop 或 AI 中，常用的屏幕界面尺寸为 1366×768PX，但当前最流行的屏幕界面尺寸为 1920×1080PX，因为其展示效果最佳。

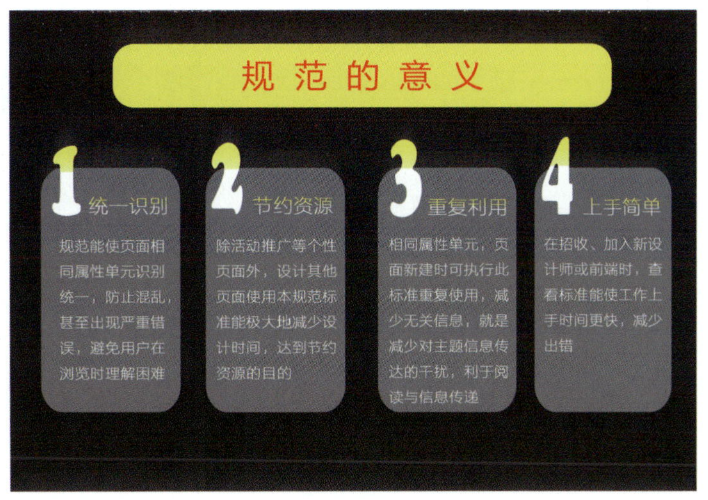

图 1-12　PC 端交互框架规范

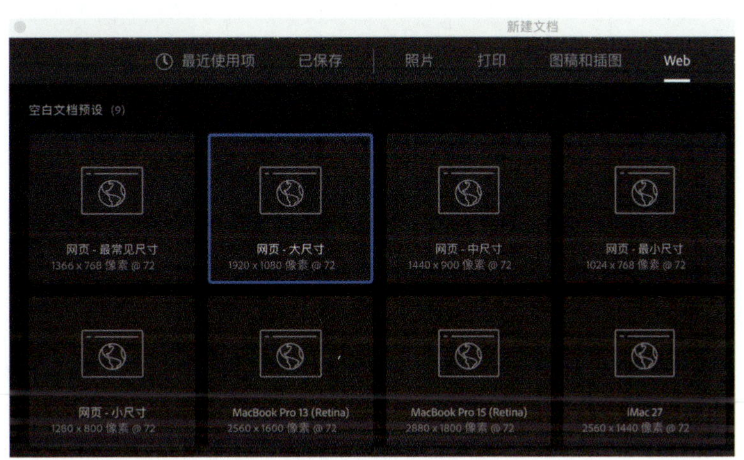

图 1-13　界面尺寸规范（单位：PX）

界面的安全宽度一般为 1002PX，建议最大宽度为 1258PX。因为涉及页面的放大缩小、滚动条的位置、要适应不同屏幕、不能过分贴边等因素。以最流行的界面尺寸 1920×1080PX 为例（图 1-14）：在该界面尺寸下，页面中心区域在 1200PX 以内都可以，建议 1000～1200PX。

界面的安全高度如图 1-15 所示，可保证信息的展示完整。如果安全高度设置得很高，会影响信息的传播。在 1920×1080PX 界面尺寸下，顶部 banner（横幅）建议尺寸为 1920×500PX（图 1-16），最顶部信息栏与导航栏建议高度为 40PX、126PX（图 1-17）。

图 1-14 安全宽度（单位：PX）

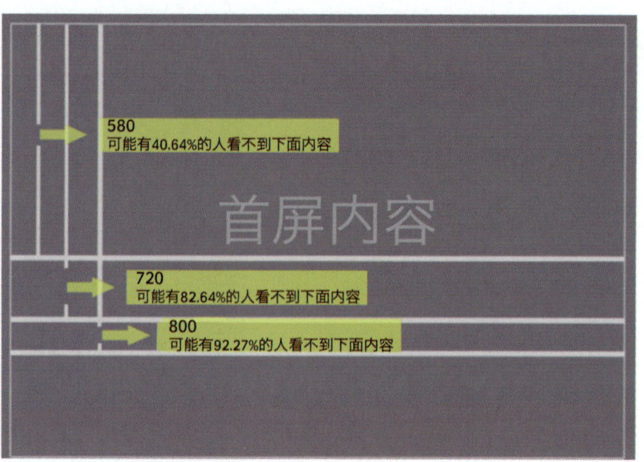

图 1-15 安全高度（单位：PX）

图 1-16 顶部 banner 建议尺寸（单位：PX）

图 1-17 最顶部信息栏与导航栏建议高度（单位：PX）

值得注意的是，在 UI 设计中所有的尺寸数值都必须是双数，包括导航条、栅格、文字的尺寸等。

（3）常用按钮尺寸规范。常用按钮尺寸规范如图 1-18 所示。

（4）布局模式规范。PC 端常见的布局模式有四种：平衡对称式（图 1-19）、不对称平衡式（图 1-20）、水平平衡式（图 1-21）、垂直平衡式（图 1-22）。板块的排版在视觉上要符合纵向分割，横向模块间距统一（图 1-23），纵向可根据页面需求适当区分（图 1-24）。产品板块尺寸一般为 160×160PX，二级页面图片的间距为 40PX，三级页面图片的间距是 30PX（图 1-25），图 1-26 为常用图文布局搭配。

2）移动端交互框架策划

第一步：绘制移动端交互框架草图（图 1-27）。

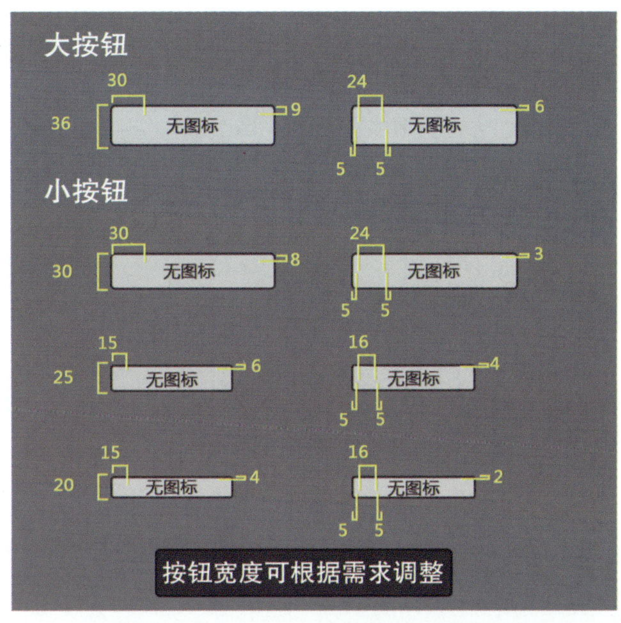

图 1-18　常用按钮尺寸规范（单位：PX）

中国年画数字媒体资源库 UI 设计内容策划 · 移动端交互框架策划

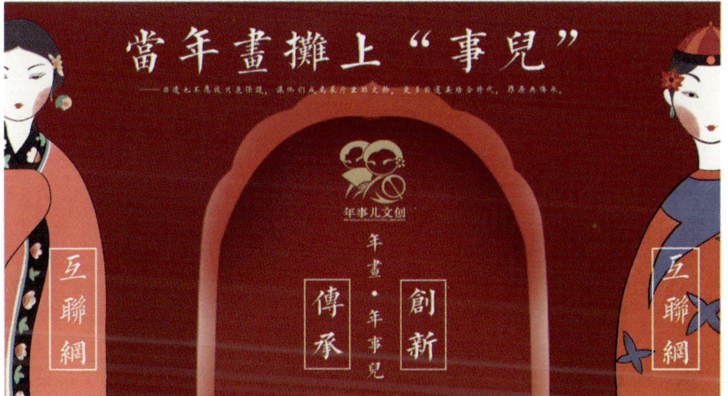

图 1-19　平衡对称式

图 1-20　不对称平衡式

图 1-21 水平平衡式

图 1-22 垂直平衡式

图 1-23 横向排版布局正确示意

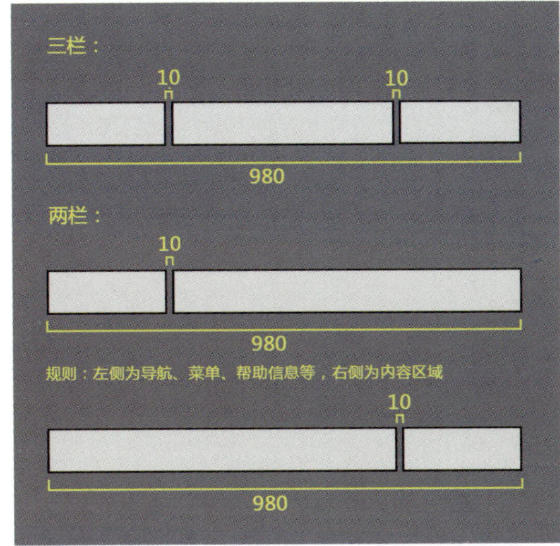

图 1-24　纵向布局（单位：PX）

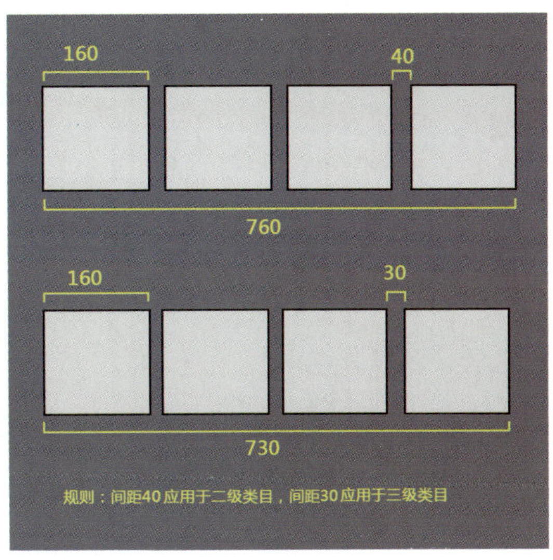

图 1-25　二级、三级页面布局（单位：PX）

图 1-26　常用图文布局

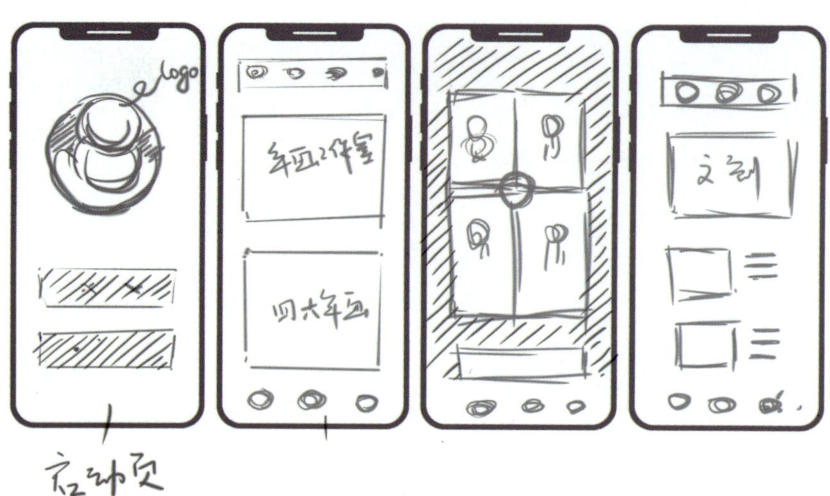

图 1-27　移动端交互框架草图

第二步：运用原型软件 Axure RP 构建界面结构，绘制典型界面交互框架。例如，启动页（图 1-28），一级页面——首页（图 1-29），二级页面——动态页（图 1-30），年画欣赏页（图 1-31），工作室页（图 1-32），文创页（图 1-33），个人中心页（图 1-34）等，三级页面——文创分类页（图 1-35），文创新品页（图 1-36）等。

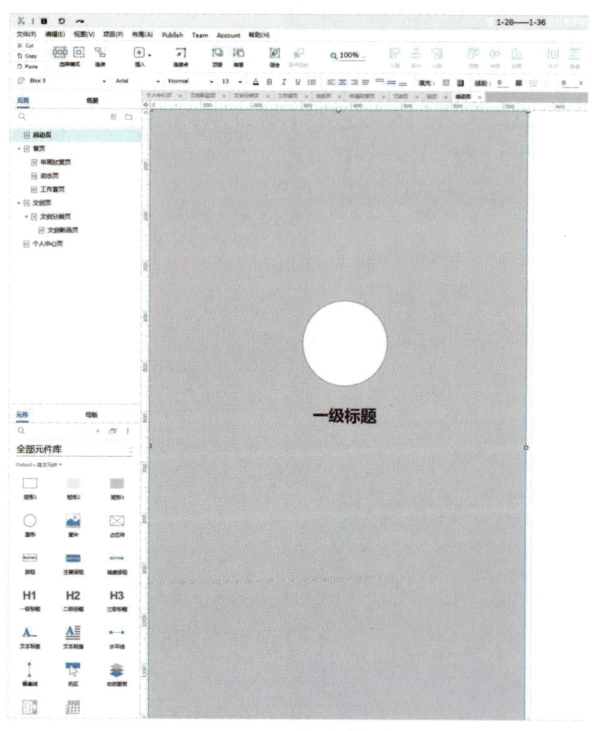

图 1-28　启动页

移动端规范：移动端的界面规范要比 PC 端更加严格。

（1）设计稿尺寸规范。在移动端 UI 设计中，出于中国年画数字媒体资源库 UI 设计项目快速迭代、节省人力资源等方面的考虑，交互设计以 iOS 系统（苹果公司开发的移动操作系统）的设计为主导，应用于 iOS 系统与 Android 系统（美国谷歌公司开发的移动操作系统）两个平台，最终只产出一套原型设计来适配多个尺寸的需求。这个尺寸为 750×1334PT，因为它是中间尺寸，向上和向下适配的时候界面调整的幅度最小。因为是同一套设计，其交互设计也一样，所以 iOS 系统和 Android 系统的尺寸规

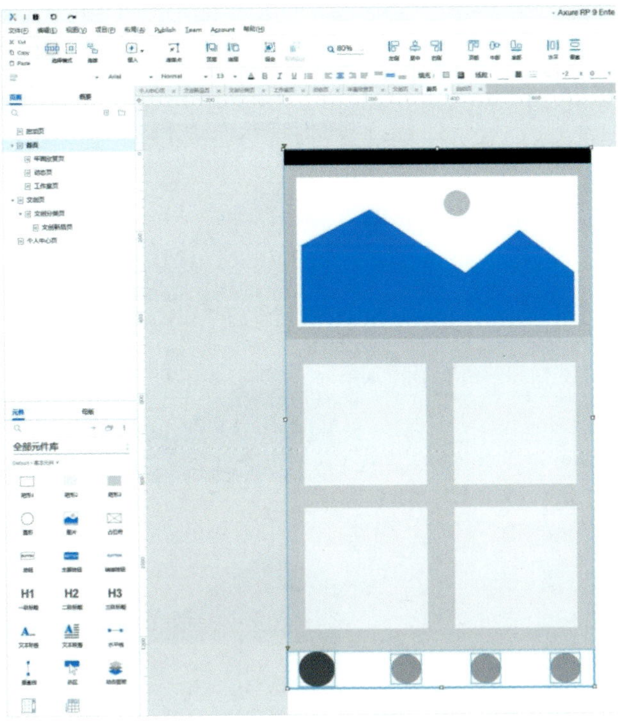

图 1-29　首页

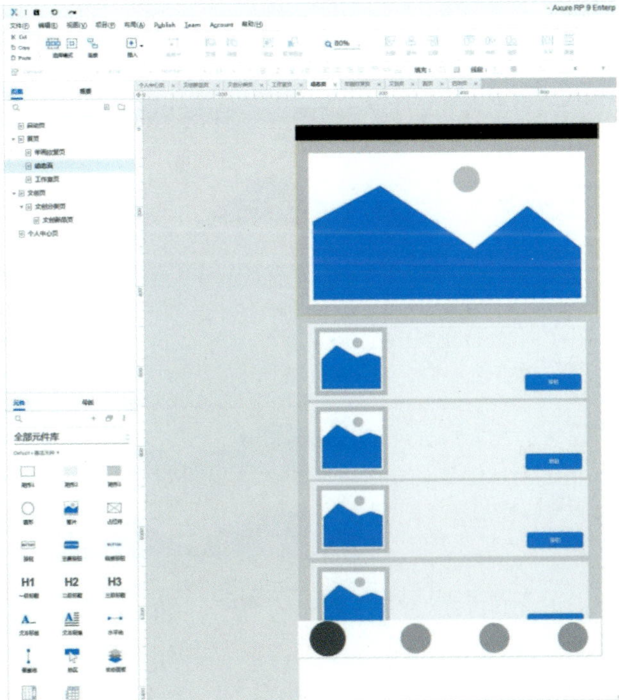

图 1-30　动态页

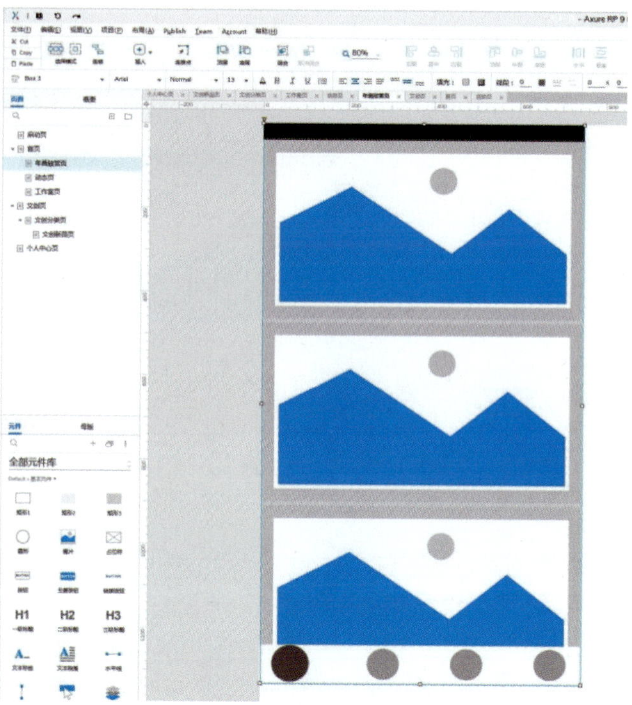

图 1-31 年画欣赏页

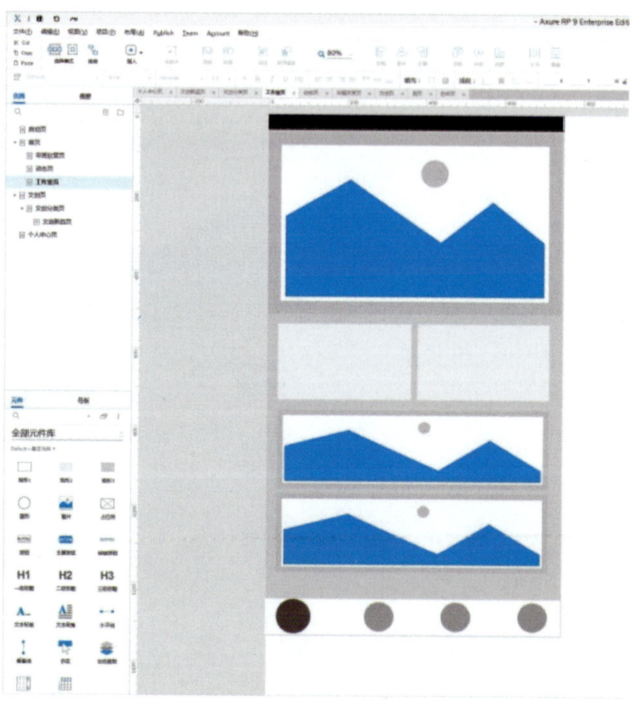

图 1-32 工作室页

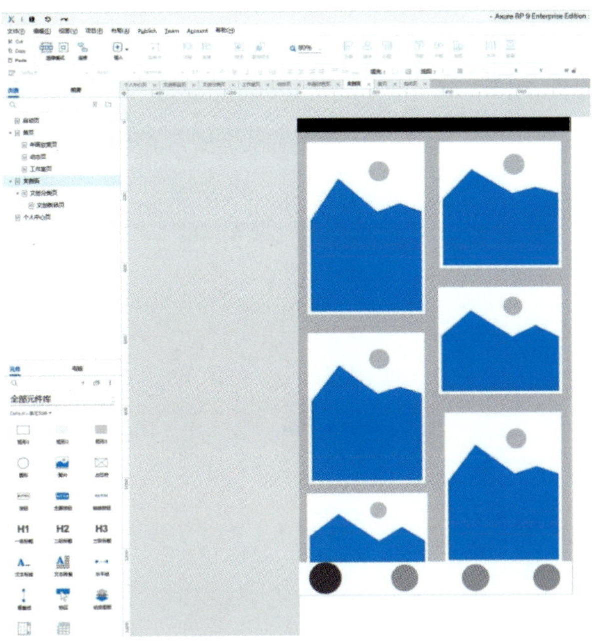

图 1-33　文创页

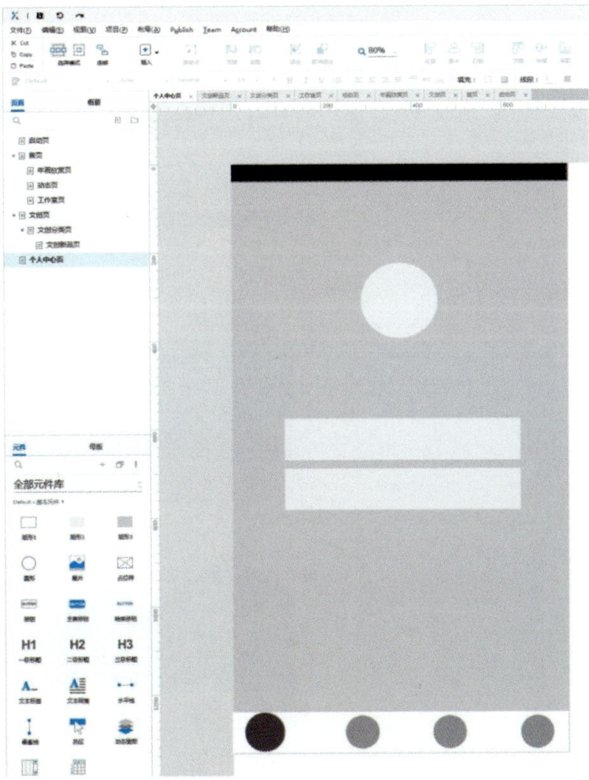

图 1-34　个人中心页

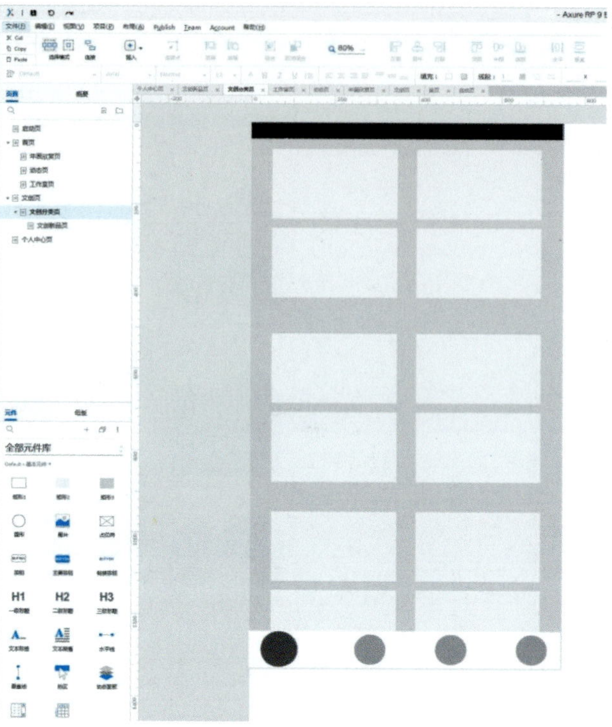

图 1-35　文创分类页

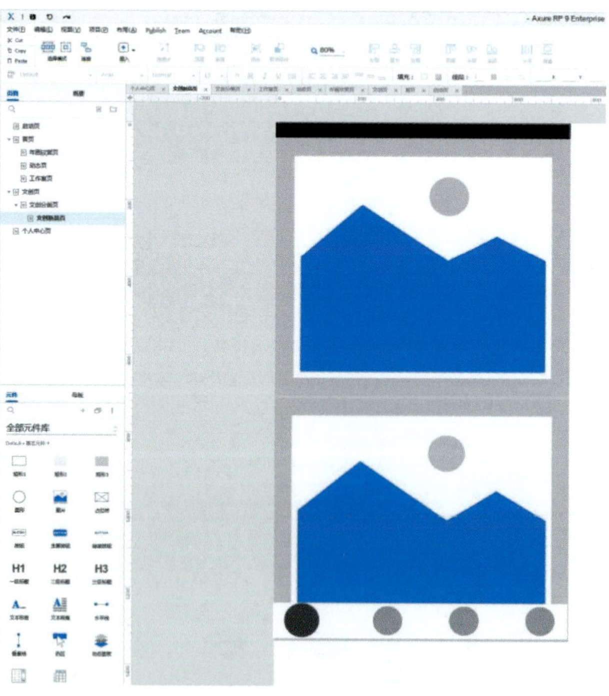

图 1-36　文创新品页

范分别产出两套设计是没有必要的。

（2）布局形式规范。在移动端 UI 设计中，内容的布局形式多种多样，最常用的两种布局形式为列表式布局和卡片式布局。

① 列表式布局（图 1-37）。此种方式非常普遍，其布局形式的特点在于能够在较小的屏幕中显示多条信息，用户通过上下滑动的手势能获得大量的信息反馈，而列表也是一种非常容易理解的展示形式。最常用的微信和 QQ，其信息页面采用的都是列表式布局，采用这种布局形式要注意列表舒适体验的最小高度为 80PX，最大的高度要视内容的多少而定。

② 卡片式布局。此种形式非常灵活，有列表卡片式（图 1-38）与双栏卡片式（图 1-39）。其特点在于每张卡片的内容和形式都可以相互独立，互不干扰，可以在同一个页面中出现不同的卡片，承载不同的内容。由于每张卡片都是独立存在的，其信息量可以相对列表更加丰富。双栏卡片的布局形式常见于以图片信息为主导的移动端，它能在一屏里显示至少 4 张卡片，分开左右两栏地显示。用户可以更加方便地对比左右两栏卡片的内容。在使用卡片式布局的时候要注意卡片本身一般为白色，而卡片之间的颜色一般为浅灰色。当然，不同产品风格其色彩也会不一样，有偏蓝浅灰色、偏绿浅灰色等。

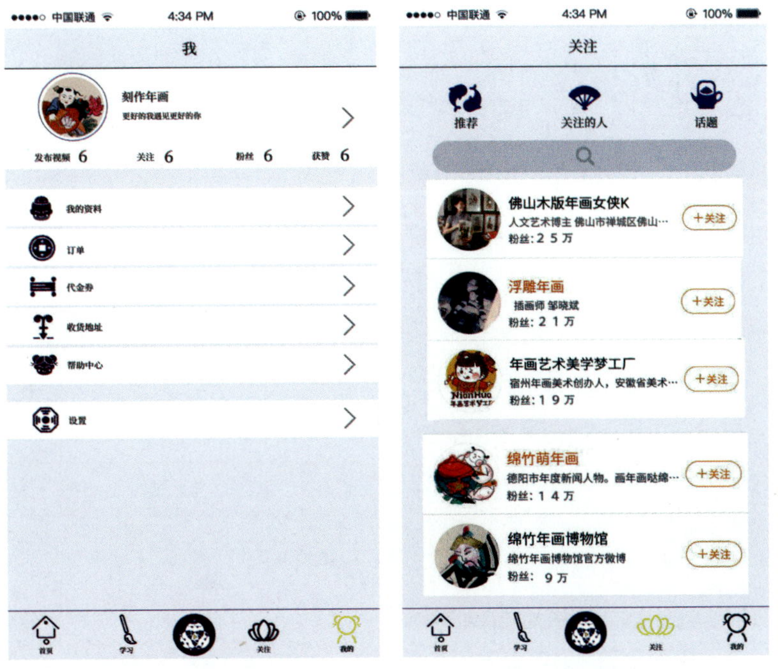

图 1-37　列表式布局　　图 1-38　列表卡片式布局

（3）布局方法规范。

① 对齐。对齐是贯穿版式设计的最基础、最重要的原则之一，它能建立起一种整齐划一的外观，带给用户有序一致的浏览体验（图 1-40）。

② 对称。对称是宇宙间的设计哲学，是对立统一规律的本质属性，呈现出一种和谐自然的美。在应用界面设计中，引导页设计、注册登录输入框和按钮等无一不是对称设计（图 1-41）。

③ 分组。分组是指将同类别的信息组合在一起，直观地呈现在用户面前（图 1-42）。这样的设计能够减少用户的认知负担，在移动端界面的设计中最常见的分组方式为卡片式，为用户选择提供专注而又明确的浏览体验。

④ 边距。边距是指页面内容到屏幕边缘的距离，全局边距的设置可以更好地引导用户纵向阅读（图 1-43）。常用的全局边距有 32PX、30PX、24PX、20PX 等，数值为偶数。通常左右边距最小

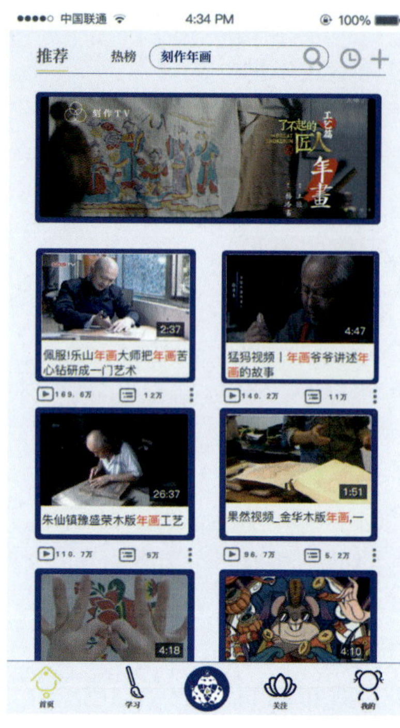

图 1-39 双栏卡片式布局

图 1-40 对齐版式

图 1-41 对称版式

图 1-42　分组版式

图 1-43　留边距

为 20PX，这样的距离可以展示更多的内容，不建议比 20PX 还小，否则就会使界面内容过于拥挤，给用户的浏览带来视觉负担。30PX 是非常舒服的距离，也是绝大多数应用的首选边距。以 iOS 系统原生态页面为例，“设置”页面和“通用”页面使用的都是 30PX 的边距（图 1-44）。还有一种不留边距，通常被应用在卡片式布局中图片通栏显示，早期的“站酷”网站，后经过改版升级已经采用了不通栏的卡片式设计。这种图片通栏显示的设置方式，更容易让用户将注意力集中到每个图文的内容本身，其视觉流在向下浏览时因为没有留白的引导被图片直接割裂，造成在图片上停留更长时间（图 1-45）。

⑤ 间距。间距设置需要根据界面的风格及卡片承载信息的多少来界定，通常最小不低于 16PX。过小的间距会造成用户的紧张情绪，使用最多的间距是 20PX、24PX、30PX、40PX。当然，间距也不宜过大，过大的间距会使界面变得松散。间距的颜色设置可以与分割线一致，也可以更浅一些。以 iOS 系统（750×1334PX）为例，设置页面不需要承载太多的信息，因此采用了较大的 70PX 作为卡片间距（图 1-46），这有利于减轻用户的阅读负担。像 iOS 系统中类

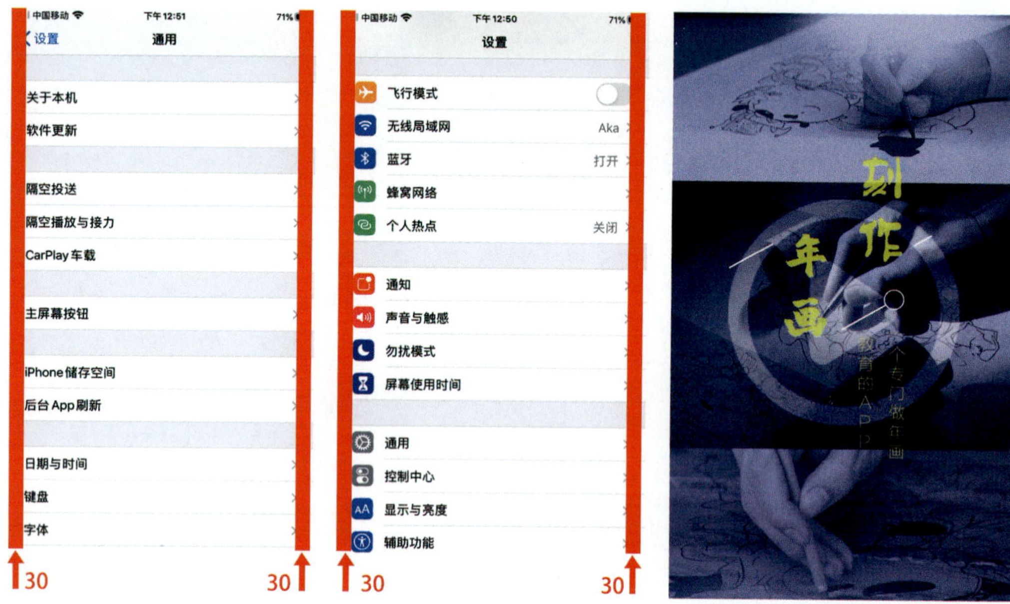

图 1-44　iOS 系统边距（单位：PX）

图 1-45　不留边距

似“通知中心”这样的信息页面承载了大量的信息，过大的间距会让浏览变得不连贯和界面视觉松散，因此采用了较小的 16PX 作为卡片的间距（图 1-46）。微信中电商类的项目因为需要承载大量的信

“设置”页面卡片间距70

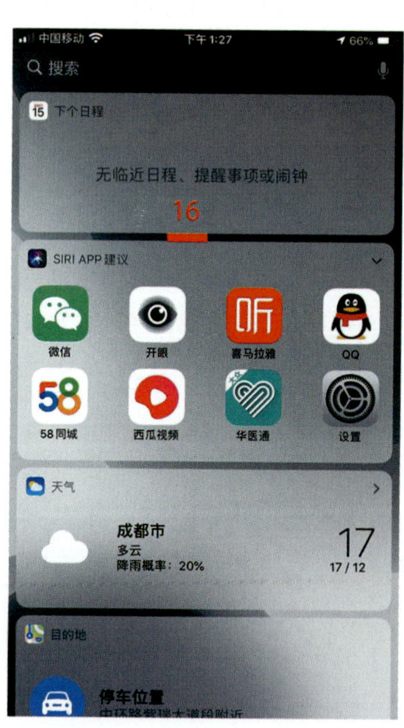

“通知”页面卡片间距16

图 1-46　卡片间距（单位：PX）

息，卡片间距一般设置得都比较小（图 1-47）。

如果应用名称与上下图标距离相同，用户分不清它是属于上面还是下面，因而容易产生错乱感。因此在布局时，一定要重视邻近性原则的运用，即每个应用名称都应远离其他图标，与对应的图标保持较近的距离，使用户的浏览变得更直观。如图 1-48 所示，由于文字离上面图片较近、离下面图片较远，所以我们能清楚地知道文字属于上面的图片。

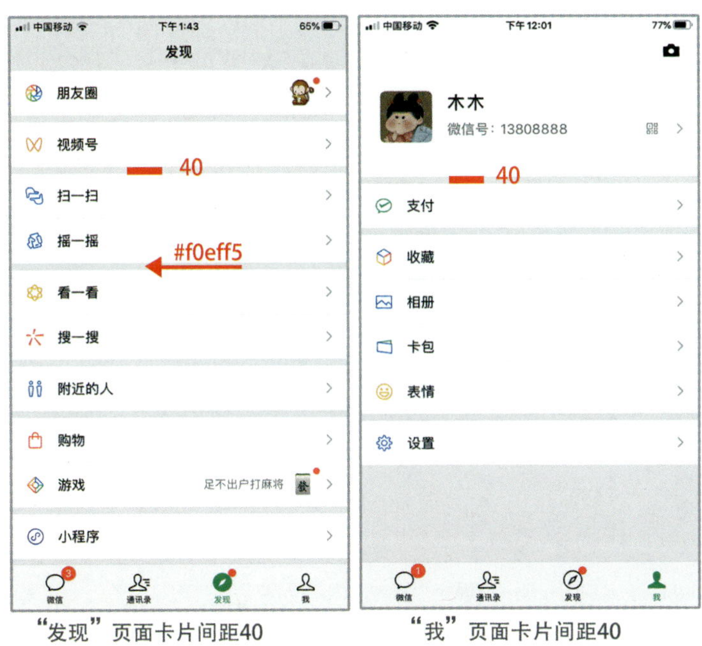

图 1-47　微信卡片间距（单位：PX）

图 1-48　邻近性关系布局

任务三　中国年画数字媒体资源库 UI 视觉设计

UI 视觉设计由内容策划决定，一般包括色彩、文字、图形三大元素，运用好这三大元素能准确为用户传递信息，带来较好的用户体验。UI 设计中色彩的运用主要贯穿于界面背景、栏、文字、图案等，分为主色、辅助色、点睛色。UI 设计师需要将丰富的色彩语言进行合理的搭配，运用色彩心理暗示引导用户，使产品给用户留下更深的印象。文字是 UI 设计的重要组成要素，文字使用的好坏会极大影响产品的用户体验。UI 设计中的图形元素包括图标、图片与组件等，整体的界面效果决定图形设计的风格。

中国年画数字媒体资源库 UI 视觉设计任务分为配色、配字、配图三个方面内容。

1. 规范配色

本项目 PC 端和移动端配色一致，其色彩如图 1-49 所示。

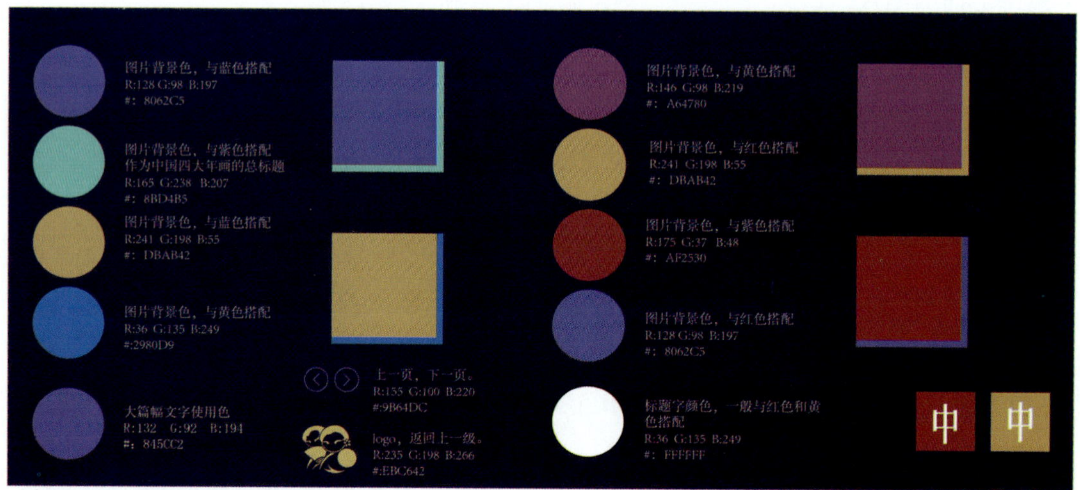

图 1-49 本项目配色

配色方法如下所述。

1）确定主色

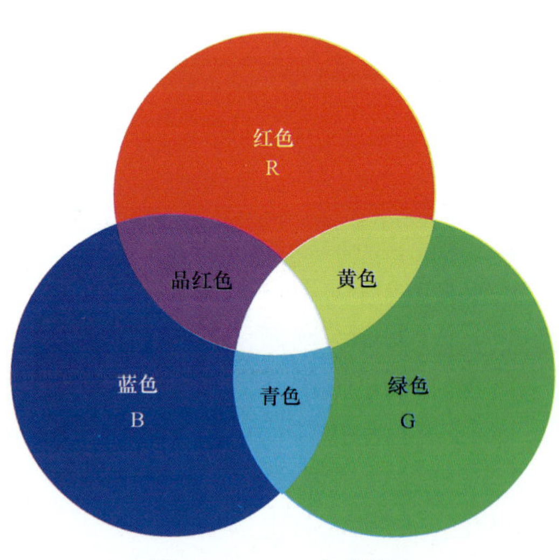

图 1-50 RGB 色彩模式

主色的选择过程称为定色调，它的成败不仅影响应用视觉传达的效果，也影响使用者的情绪，因此确定主色非常关键。目前的显示器大都是采用 RGB 色彩模式，即通过对红（R）、绿（G）、蓝（B）三个颜色通道的变化及它们相互之间的叠加来得到各种颜色（图 1-50）。这个色彩模式标准几乎包括了人类视力所能感知的所有颜色，是目前运用最广的颜色系统之一。RGB 色彩能组合出约 1678 万种色彩（256×256×256＝16777216），通常也被简称为 1600 万色、千万色、24 位色

（2^{24}=16777216）。目前的计算机一般都能显示 32 位颜色，约有 100 万种以上的颜色。中国年画数字媒体资源库 UI 设计确定的主色为紫色，在中国传统文化中，紫色是尊贵的颜色，如北京故宫博物院又称为“紫禁城”，亦有所谓“紫气东来”之意，其属于 RGB 色彩模式中的二次色，即红色与蓝色的混合色。

中国年画数字媒体资源库 UI 视觉设计 · 规范配色

2）确定辅色

辅色的主要作用是辅助主色，使画面更完美丰富。辅色一般应用在各种控件、图标和插图上。辅助色可以通过色相环确定（图 1-51），选用色相环中的近似色和对比色。近似色一般是在色相环中增加或减少 30° 处的颜色，而实际应用中近似色一般是在主色上加减 30°～50° 的色相环。对比色一般在色相环中增加或减少 180° 的位置，实际应用中取对比色，色相差别一般为主色加减 180°～200°（图 1-52）。

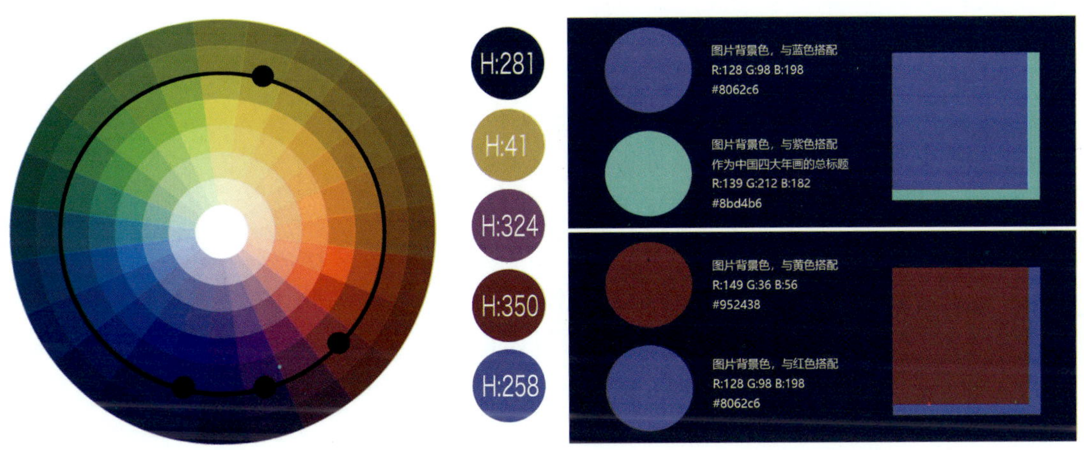

图 1-51　色环

图 1-52　辅色

3）寻找点睛色

点睛色是指使用面积较小、视觉效果比较醒目的颜色。点睛色主要用在一些提示性的小图标或者需要突出的图形中。对比色与主色对比强烈，所以对比色常作为点睛色（图 1-53）。

4）确定全局通用色

灰度色（图 1-54）、白色、黑色是较为通用的颜色，可用在文字及各种表单控件设计上。

H:41 S:70 B:86
R:219 G:170 B:65

图 1-53　点睛色

图 1-54　灰度色

中国年画数字媒体资源库 UI 设计视觉设计 · PC 端配字

2. 规范配字

中国年画数字媒体资源库 UI 设计项目配字分为 PC 端配字和移动端配字。

1）PC 端配字

（1）选用合适的字体。UI 设计中字体不能过多，通常控制在三种字体以内，以保证项目风格一致，通常中文使用微软雅黑字体，英文则使用 Arial 字体。中国年画数字媒体资源库 UI 设计项目只使用了一种字体——姚体，并通过对字体放大来强调重点文案。

（2）选用合适的字号。PC 端文字没有硬性规定具体字号，设计时可根据实际情况酌情考虑，但要适用偶数字号，因为后台开发界面时字号换算是要除以 2 的。常用的字号有以下几种（图 1-55）：12PX 适用于网页的最小字体，例如突出性的日期、版权等注释性内容；14PX 则适用于非突出性的普通正文内容；16PX 或 18PX 适用于突出性的标题内容。根据版式设计需要也会采用异样大小的字号来特殊处理，这对 UI 设计师的全局把控能力提出了更高的要求。

（3）运用合适的文字间距（图 1-56）。

① 字间距：相邻两个文字的间距，可以使用默认数值的间距。

② 行间距：推荐以字体大小的 1.5～2 倍作为参考。

③ 段间距：推荐以字体大小的 2～2.5 倍作为参考。

微软雅黑	12
微软雅黑	14
微软雅黑	16
微软雅黑	18

图 1-55 常用字号（单位：PX）

位置		字大小	行间距
H1	标题字	36	60
H2	副标题字	24	40
正文	正文内容	14	24
位置	提示性文字	12	20

图 1-56 文字间距（单位：PX）

（4）运用合适的字体颜色。

① 主文字的颜色：建议使用项目主色，以增加辨识性和记忆性。

② 正文字体颜色：通常选用易读性的深灰色，建议选用设计软件中 #333333 到 #666666 之间的色号。

③ 辅助性的注释类文字：可以选用比较浅的类似 #999999 色号，也可以选择靠近项目主色色号的颜色作为正文字体颜色或者辅助性文字的颜色。例如，项目主色是紫色，正文就可以选用偏紫色的深色，这样文字就有了环境色，整体视觉效果更加和谐（图 1-57）。

图 1-57 文字颜色

2）移动端配字

中国年画数字媒体资源库 UI 视觉设计・移动端配字

（1）使用合适的字体。由于移动端通常只出 iOS 系统版，因此字体选用 iOS 系统版的英文字体为 San Francisco，中文字体为苹方。

（2）运用合适的字号。字号规范关系着整个移动端界面的统一性、协调性。在 iOS 系统中，通常使用的字号为 11PT、13PT、15PT、17PT、20PT，最小字号不要小于 11PT。现在的移动端文字都趋向于大字号，以争取用户的时间，博取用户眼球。

（3）运用合适的文字颜色。要想使移动端文字易读，一般不使用彩色系文字，以无彩色系（黑、白、灰）为主。iOS 系统中主要文字色号选用 #333333，次要文字色号选用 #666666，辅助文字色号选用 #999999，提示性文字或不可用文字色号选用 #CCCCCC。

3. 规范配图

配图内容：包括图标设计、图片设计、组件设计。

配图格式：UI 设计师需要将设计好的配图资源提供给项目后台开发人员，和程序代码一起打包成应用包，而应用包的配图资源需要使用正确的配图格式。

PNG 格式是项目配图的标准格式，是一种采用无损压缩算法的位图格式。其图案颜色层次丰富，支持全透明和半透明设计，它是目前移动设计的主流图片格式，也是图标、控件的标准格式。PNG 格式又分为 PNG8 和 PNG24 格式，其中 8 和 24 代表颜色的种类。PNG8 即 256（2^8）种颜色，支持 1 位布尔透明，即要么完全透明，要么不完全透明；PNG24 即 16777216（2^{24}）种颜色，支持 8 位布尔透明，一共有 256 个层级的透明，而项目中的图标、图片、控件需要用到半透明通道，因此通常需要使用 PNG24 格式。

考虑到网速和网络资费问题，相对 PNG 格式图片大小，JPG 格式（一般指 JPEG 格式，是面向连续色调静止图像的一种压缩标准）较小，相同网络环境下项目运行速度会更快，如常见的各种 banner 图，有必要将图片优化到最小的尺寸，这时推荐使用 JPG 格式。JPG 格式也适合颜色显示很多、构成很复杂的图像，如摄影等写实图片，同时还可以利用压缩比例来控制图片的大小，但是压缩会使图像质量下降。由于 JPG 格式存储质量压缩比较大，当压缩比很高时，图片会有很多噪点，图片观感比较差，所以应用的服务器端口对同一图片同时准备了多套图片供调用。例如，淘宝网客户端可以根据手机网络的不同情况，选择不同质量的图片：如果是无线网络连接，客户端中可加载压缩比较高的低精度图；如果是 Wi-Fi 连接，客户端中可加载高清大图。

1）图标设计

图标就是放置在主屏幕上的标志，是整个项目的重要组成部分，用户看到图标时便建立起对该项目的整体印象，并以此评判其品质、作用及可靠性。用户可以通过单击这个图标来启动该项目。图 1-58 所示为中国年画数字媒体资源库 UI 设计项目的图标，其图标设计流程如图 1-59 所示。

（1）设计背景。中国年画数字媒体资源库 UI 设计项目的图标设计不能脱离中国年画的设计背景，否则不能传达中国年画品牌的理念。但中国传统年画过于复杂，设计时需要选择合适的年画形象以设计出更加精致、更具有创意性的图标。

（2）设计分析。

① 主题联想。通过“年画”这个关键词进行思维发散，如图 1-60 所示。

② 根据思维发散词汇进行颜色、图形、质感的分类归纳。

图 1-58　中国年画数字媒体资源库 UI 设计项目图标

中国年画数字媒体资源库 UI 视觉设计・图标设计

图 1-59　图标设计流程

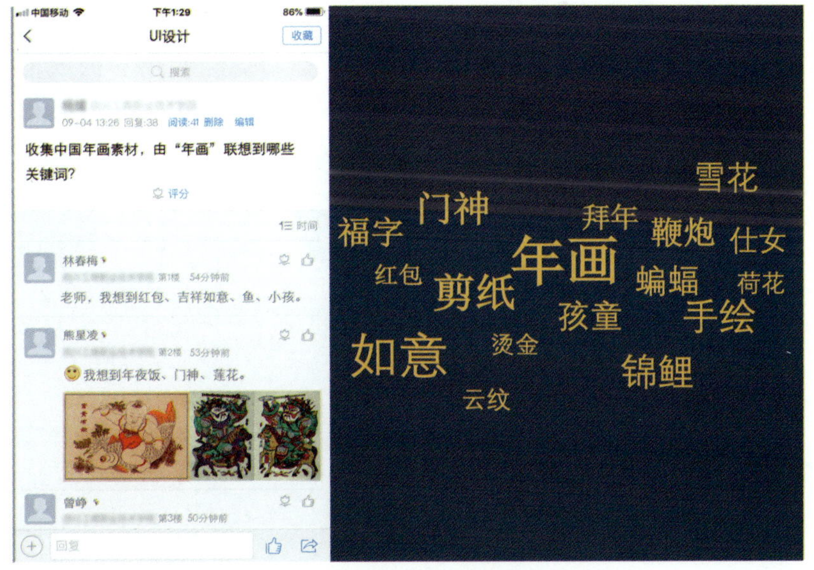

图 1-60　“年画”主题联想

a. 颜色。颜色是用户最表层的感知，根据年画库的色调特点，把图标颜色定位在能体现中国传统年画的暖色系上。

b. 图形。图形可以根据剪纸、红包等元素进行归纳，进行图标方案设计。

c. 质感。质感可以通过相关表现形式进行归纳，使图标设计更加精致。

③ 视觉素材提炼。根据以上归纳，可进行视觉元素的匹配，搜集相应的视觉素材作为图标设计的参考。

a. 同类作品分析：首先要保证有其独特性。为了避免设计雷同，通过对同类图标设计筛选分析，调整图形的设计细节，做到与同类图标作品有所区别。

b. 确定风格：中国年画数字媒体资源库 UI 设计项目设计的图标要选择适合中国年画的风格，图形太复杂或太简单，识别度都会降低。因此在图形抽象设计过程中要符合设计规律，提取具有明显特征的图形进行设计，扁平化图标比较符合本项目风格。

c. 选择颜色：本项目图标颜色可以根据中国传统年画的色彩选择合适的颜色（图 1-61）。

图 1-61　中国年画颜色

（3）设计执行。

① 绘制图标草图（图 1-62）。通过绘制草图可简单直接地呈现 UI 设计师的灵感、想法，并针对相关设计方案进行初步的设计和评估，从而更好地把握图标设计的可行性和创意性。

图 1-62　绘制图标草图

② 草图绘制后，可将草图导入 Illustrator 或者 Photoshop 进行调整和勾出图标电子稿（图 1-63）。

图 1-63　调整和勾出图标电子稿

③ 运用布尔运算进行细节修正（图 1-64）。

④ 最后确保像素对齐。图标的边缘没有对齐像素网格（图 1-65），就会出现像素模糊的情况。屏幕内容显示都由像素组成，所以图标设计要尽量做到像素对齐，这样图标看起来更精致（图 1-66）。

图 1-64 运用布尔运算进行细节修正

图 1-65 图标像素未对齐

像素对齐方法如下所述。

方法 1：在 Photoshop CC 中打开“属性”面板，可以看到所选择路径的大小及位置等属性。如果没有对齐像素网格的路径位置有小数点，设置路径大小为偶数，位置保持整数即可（图 1-67）。

方法 2：在 Photoshop CC 中选择“直接选择工具”，可以看到菜单上有“对齐边缘”复选框，勾选后，路径边缘可以自动对齐（图 1-68）。

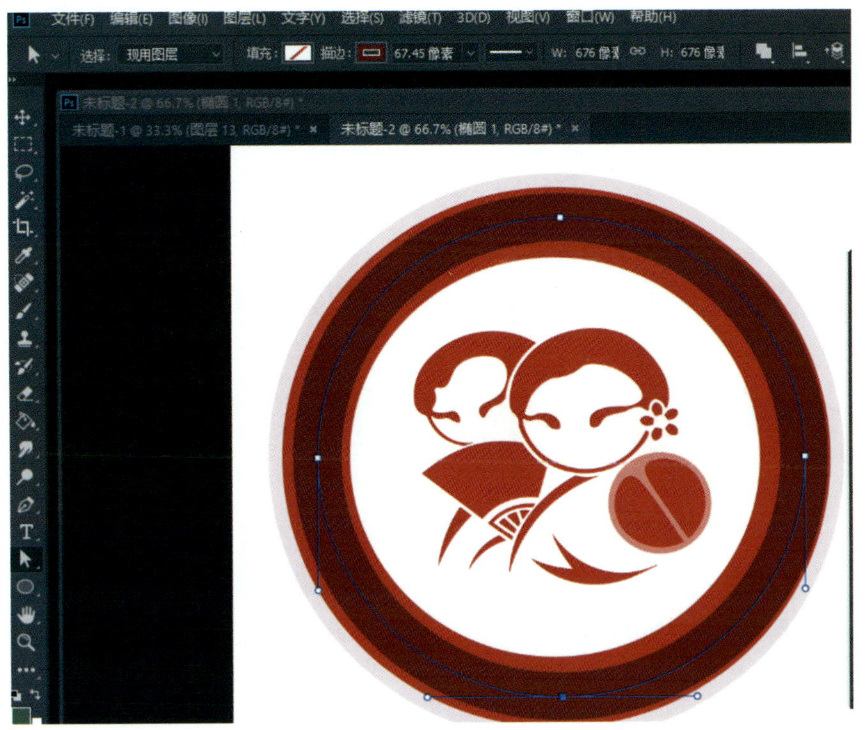

图 1-66　图标像素对齐

图 1-67　像素对齐方法 1

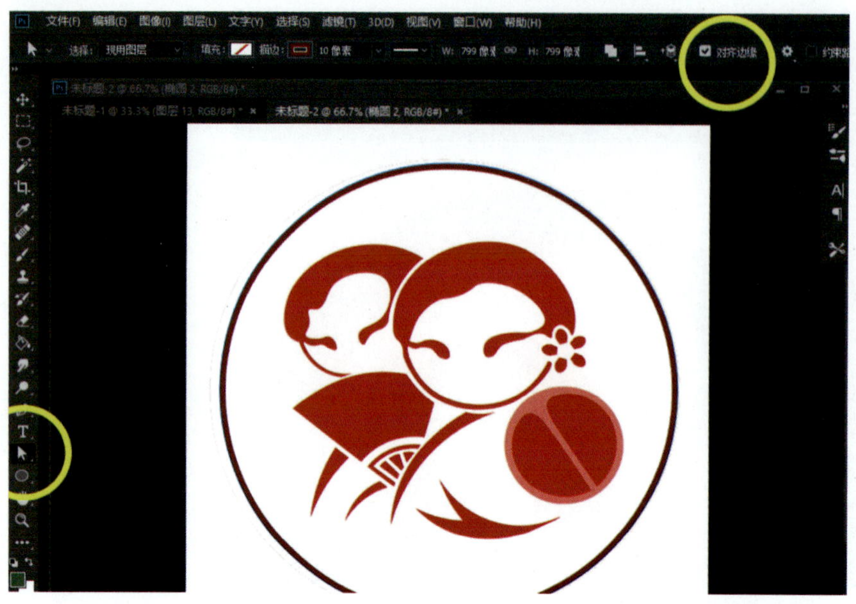

图 1-68　像素对齐方法 2

方法 3：在 Photoshop CC 中可以通过菜单栏中“编辑”→“首选项”→“工具”命令打开对话框，勾选“将矢量工具与变化和像素网格对齐”复选框，选择文件中对象，软件会默认保持与像素对齐（图 1-69）。

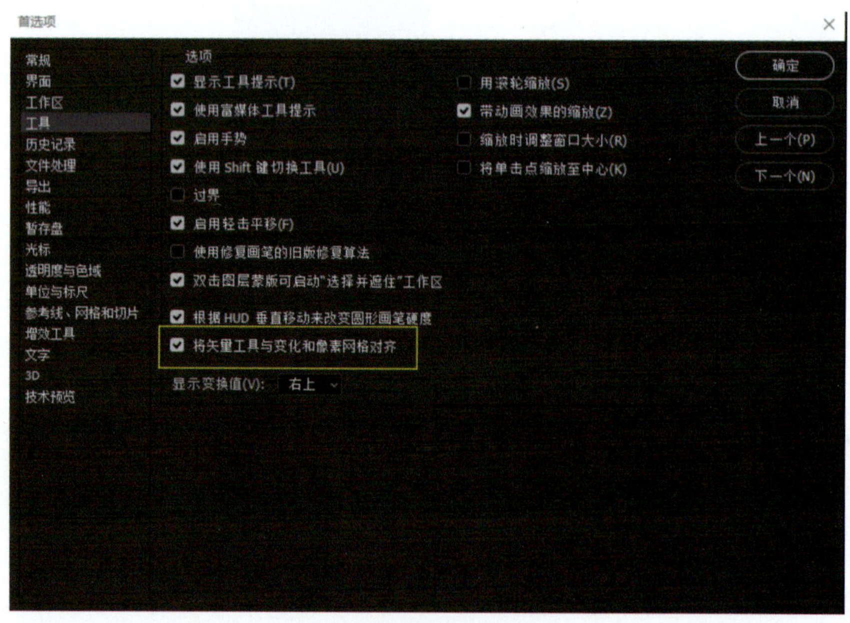

图 1-69　像素对齐方法 3

一个图标设计完成后，会适配多个分辨率，最大尺寸为1024×1024PX，由大改小尺寸为 44×44PX、32×32PX、24×24 PX、20×20PX。做不同平台适配时，原本对齐的像素由于图标的缩放导致路径没有对齐像素，此时需要使用“编辑”→“自由变换”命令或者使用快捷键“Ctrl+T”缩放图标后，用“路径选择工具”选择对象，用“↑”“↓”“←”“→”键上下左右移动路径使其自动吸附对齐像素网格（图 1-70）。

图 1-70　不同分辨率对应的图标尺寸图标（单位：PX）

注意：一些有复杂曲线的图标（图 1-71），靠自动对齐工具总会存在部分边缘没办法做到绝对对齐，此时需要靠手动操作对齐。首先通过 Photoshop CC 菜单栏中“编辑”→“首选项”→“工具”命令打开对话框（图 1-72），取消勾选“将矢量工具与变化和像素网格对齐”复选框，然后用放大工具，放大视图到 3200%（图 1-73），使用“直接选择工具”和键盘上的“↑”“↓”“←”“→”键上下左右移动路径调到对齐为止。

图 1-71 复杂曲线图标

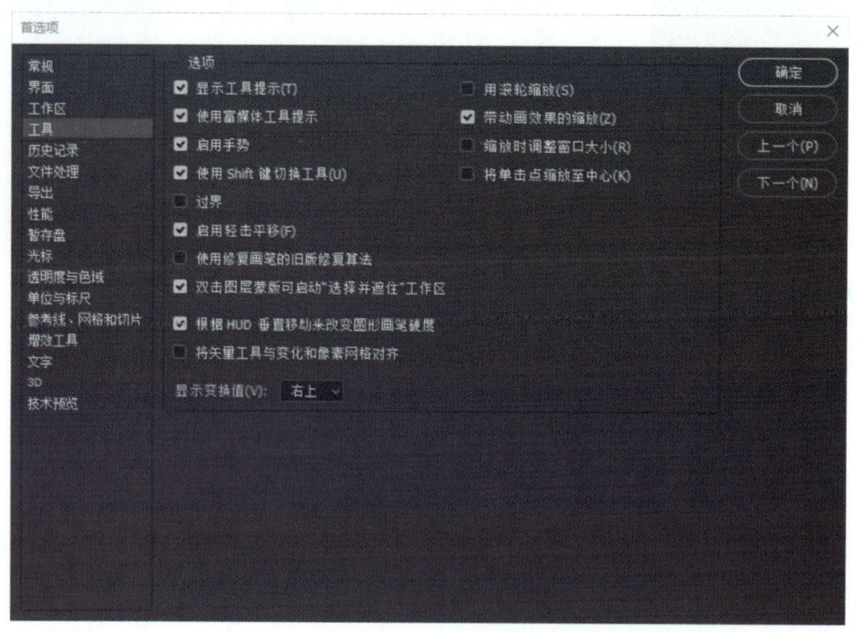

图 1-72 “编辑”→“首选项”→“工具”

（4）设计落地。当 UI 设计师完成多个图标设计后，如果按照图标的实际尺寸设计，图标会出现视觉大小不统一的问题，影响 UI 的视觉效果，因此要使用系统图标栅格系统让图标设计落地。以 iOS 系统为例：同样尺寸都是 140×140PX，图 1-74 中的正方形看起来要比圆形大；图 1-75 给出了辅助线和数值。

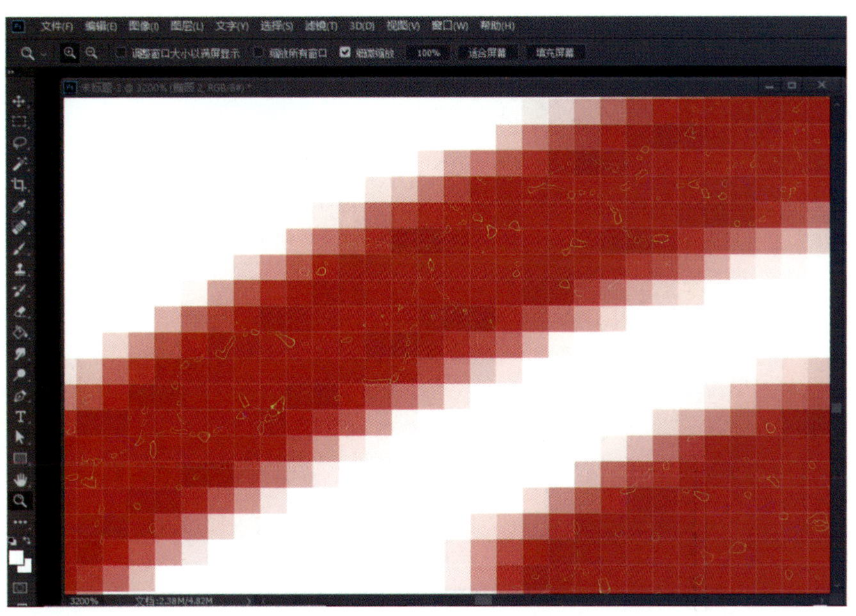

图 1-73　3200% 图标视图

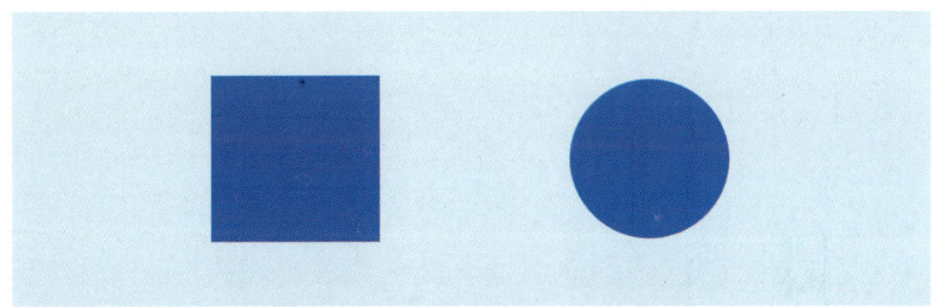

图 1-74　正方形与圆形图标大小比较图 1

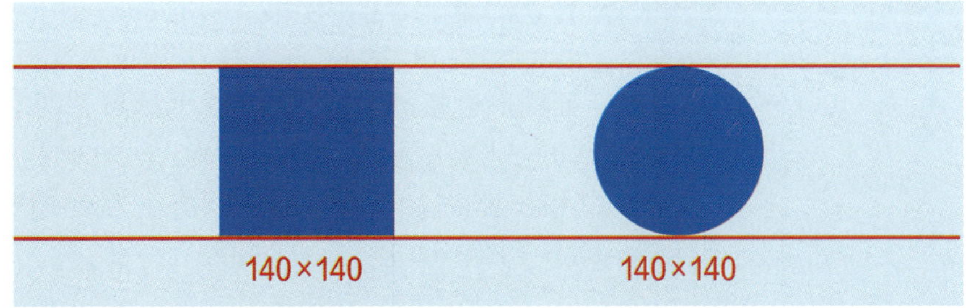

图 1-75　辅助线比较图 1（单位：PX）

为了让两个图形形状看起来大小相同（图 1-76），可将正方形适当缩小至 128PX，其视觉大小会基本一致（图 1-77）。

如图 1-78 所示，把两个图形进行重叠，左图正方形超过了圆形 4 个 a 区域，正是造成视觉误差的原因。右图正方形超过了圆形 4 个

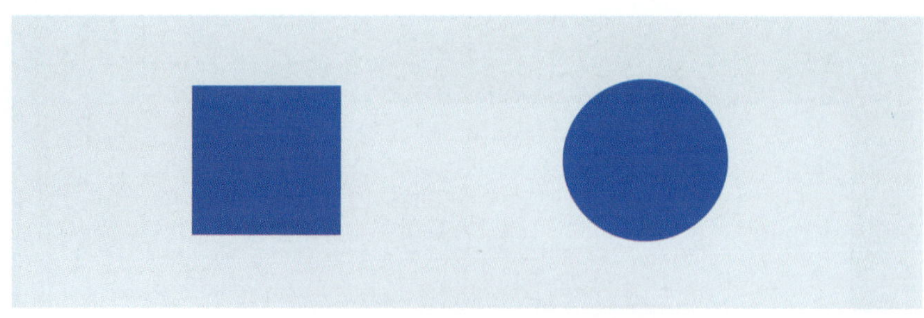

图 1-76 正方形与圆形图标大小比较图 2

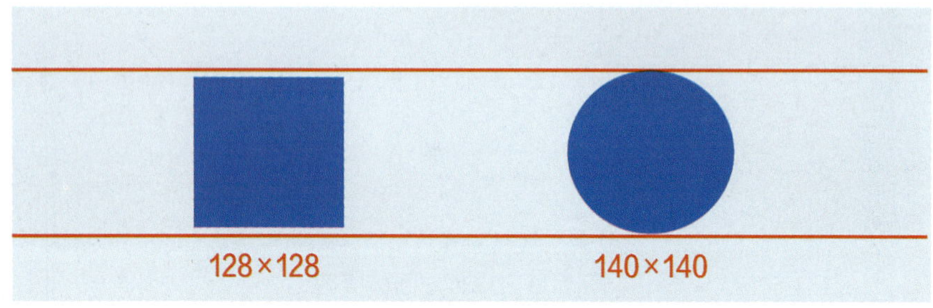

图 1-77 辅助线比较图 2（单位：PX）

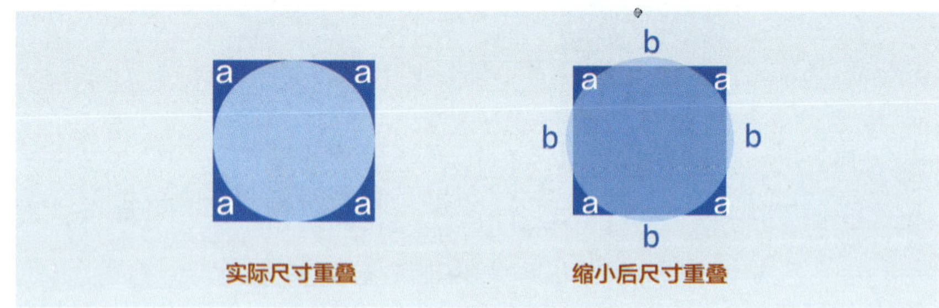

图 1-78 正方形与圆形重叠比较图

a 区域，而圆形也超过了正方形 4 个 b 区域，两个区域相互抵消，所以圆形和正方形在视觉上达到了平衡。

最终得出如图 1-79 所示栅格系统作为绘制图标的基本骨架及图标栅格图解（图 1-80）。

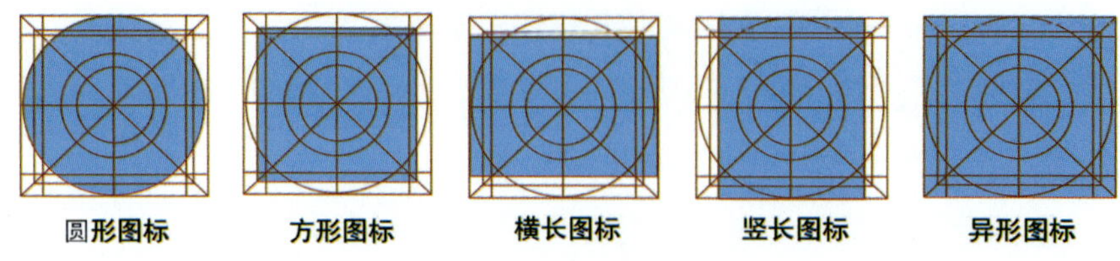

图 1-79 图标栅格图

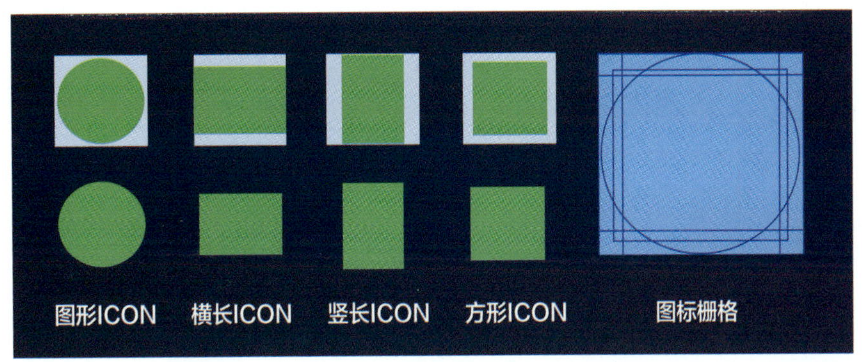

图 1-80　图标栅格图解

最后保存的图标应用主要使用 PNG24 的图片格式（图 1-81）。如果考虑到网络加载速度也可以使用 PNG8 的图片格式，由于 PNG8 格式没有半透明索引颜色，使用 Photoshop 导出时，原有的半透明化状态会转为不透明的状态，从而产生锯齿。为避免 PNG8 格式的杂边锯齿可设置杂边与背景色颜色一致，以达到视觉上的透明，其缺点是只能适应一种背景色，在其他背景色下同样会产生杂边。具体操作方法是在 Photoshop 的“存储为 Web 所用格式”面板杂边选项中选择与背景色一致的颜色，首先选择设置杂边颜色选项（图 1-82），然后设置杂边颜色为白色（图 1-83）。

图 1-81　PNG24 效果图

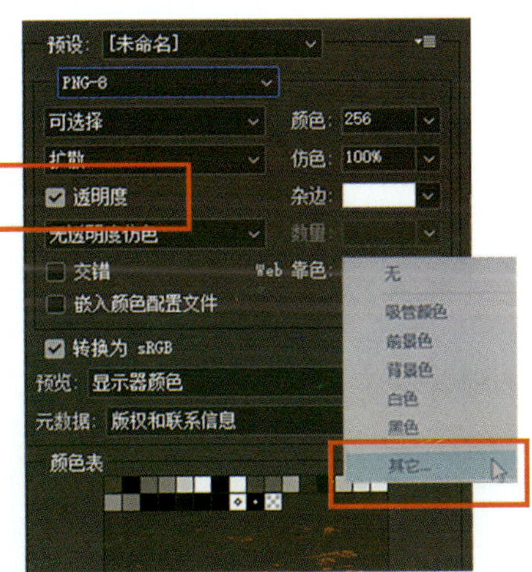

图 1-82　设置杂边颜色选项

2）图片的设计

（1）主题图片的设计。中国年画数字媒体资源库 UI 设计项目主题图片的设计与中国年画有关，年画寄托了人们对风调雨顺、农事

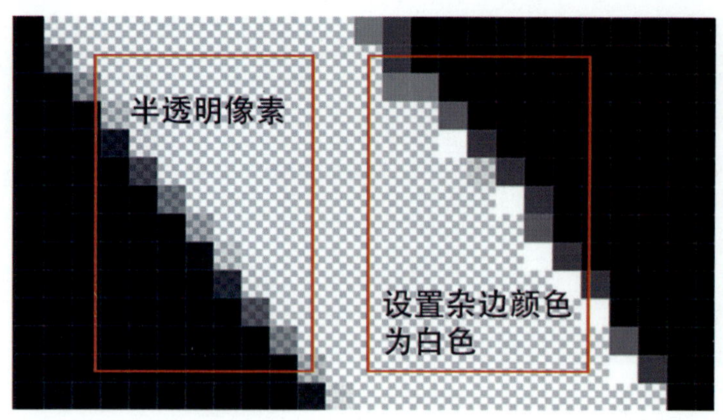

图 1-83 设置杂边颜色为白色

中国年画数字媒体
资源库 UI 设计 · 图片设计

丰收、家宅安泰、人口平安等祈福迎财、驱灾避邪的愿望，同时也被赋予了惩恶扬善、尊崇忠良、赞美勇武的主题，在为广大民众带来美的享受的同时，也起到了激励奋发的作用。主题图片的内容设计在整个项目中承担着传承与创新传统文化、传递正能量的重要作用。

项目的主题图片多用于欢迎页，其图片尺寸大小应与屏幕尺寸大小一致。图 1-84 运用了钟馗的形象作为该项目的主体人物，钟馗的形象源自中国传统年画，是中国传统道教诸神中唯一的万应之神，表达了人们惩恶扬善的愿望和对美好生活的期盼和向往。图 1-85 运用中国年画中不同的人物形象与当今社会职业形象相对应，融入社会主义核心价值观中敬业精神，表现出各行各业的工作人员，在自己平凡的岗位上兢兢业业，服务社会、服务人民，创造自己人生价值的形象。图 1-86 利用年画中仕女的形象，表现不同类型的女性风采。作品内容都结合了社会主义核心价值观，倡导富强、民主、文明、和谐，倡导自由、平等、公正、法治，倡导爱国、敬业、诚信、友善，并与中国特色社会主义发展要求相契合，与中华优秀传统文

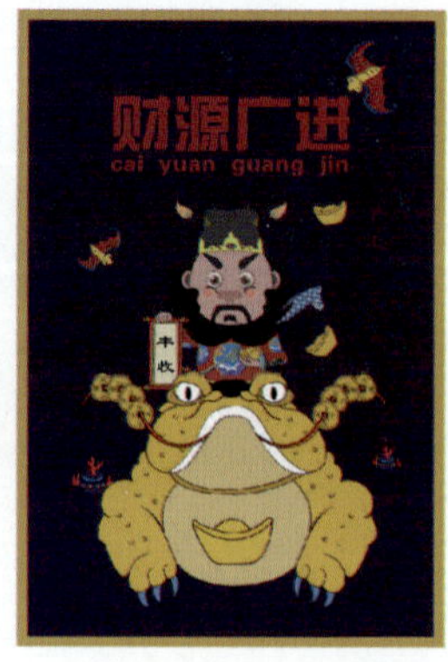

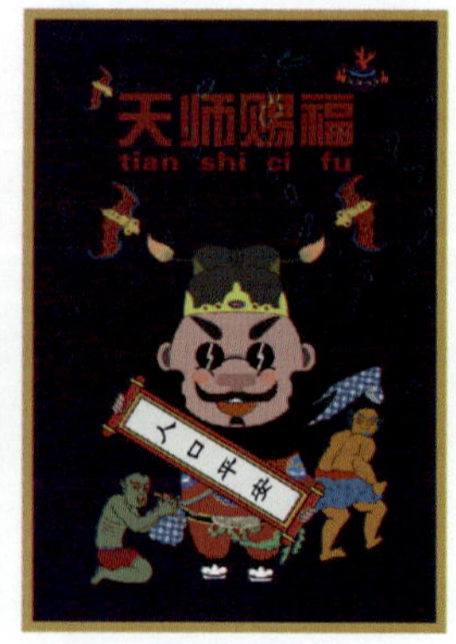

图 1-84 绵竹年画钟馗创新形象设计

图 1-85 《敬业》绵竹年画创新形象设计

图 1-86 绵竹年画仕女创新形象设计

化和人类文明优秀成果相承接，是中国共产党凝聚全党全社会价值共识做出的重要论断的艺术化再现。

（2）栏目图片的设计。栏目图片的内容设计需根据项目内容实际需求而定，图片的处理遵循主体突出、背景干净的原则，可参考一些电商类商品图片（图 1-87）。其尺寸一般设计为 1∶1、3∶2、4∶3、16∶9。1∶1 的比例，一般使用在社交类应用头像、电商类应用产品列表，以及选择类图片的页面（图 1-88）上。4∶3 和 16∶9 是常见的照片原始比例，一般使用在展示图片类卡片列表页上。3∶2 的比例一般用在电商类应用的产品详情页，其既没有 16∶9 那么长，也没有 4∶3 那么显方。

图 1-87 电商类商品图片

（3）用户头像图片设计与使用。目前用户头像图片通常使用圆角矩形和圆形两种，从形式感上来说，非人像的图片裁成圆形损失会比较大，此时圆角矩形的图片形式较为合适；而圆形能聚焦内容，显得饱满有新意，适合展示真人头像，社交类产品使用真人场景会较多。如

图 1-88 栏目选择类图片

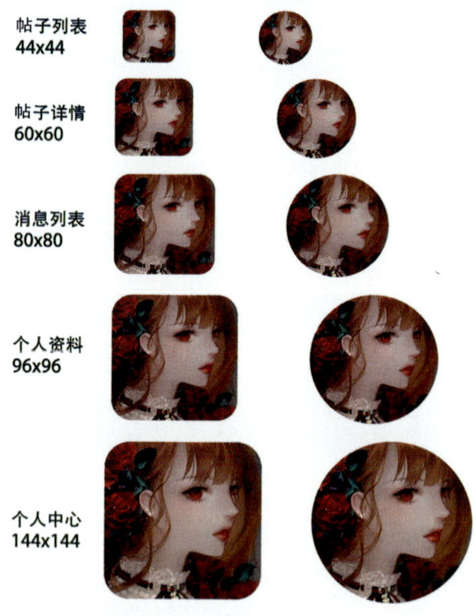

图 1-89 用户头像图片（单位：PX）

图 1-89 所示，通常在列表页使用 44×44PX 的头像，帖子详情页使用 60×60PX 的头像，在消息列表页使用 80×80PX 的头像，在个人资料页使用 96×96PX 的头像，在个人中心页使用 144×144PX 的头像。

（4）无数据图片设计。当网络不顺畅时，用户的数据为空，此时需要设计一张无数据图片，通常包括商品底图与头像底图。

① 商品底图。商品底图运用在加载页面时，图片可能没有加载出来，但这时图片位置不能为空，需要有一个默认无数据的图片占位（图 1-90），即商品底图占位。商品底图一般采用灰调设计或单色设计，图片中可放上项目的图标或者项目中的主题图形。无数据商品图片尺寸需与栏目规范图片尺寸一致。

② 头像底图。头像底图运用在用户没有上传头像时，通常有一个默认头像的设计（图 1-91）。由于头像图片是规则的 1∶1，所以只需要设计一个最大尺寸 144×144PX 的默认头像底图。

3）组件设计

组件是构成界面的重要元素，凡是能进行选择、拖动、输入、单击的都可以称为组件，其也是人机交互的重要体现，因此组件设计是 UI 设计的重要组成部分。组件的设计样式及交互方式不受系统限制，可以同时被 PC 端和移动端读取，所以 PC 端组件设计与移动端组件设计方法一致。中国年画数字媒体资源库 UI 设计项目需要设计的组件有以下几种。

图 1-90　商品底图　　图 1-91　头像底图

（1）状态栏组件。状态栏组件即显示在屏幕最顶部的组件，在状态栏上使用系统组件即可，不需要额外设计，在很多设计素材网上就能找到相应的状态栏组件素材。

中国年画数字媒体资源库 UI 视觉设计 · 组件设计

（2）活动指示器。活动指示器是指任务进程的指示组件，用户无须与之进行交互，如本项目收藏组件设计，图 1-92 所示为未收藏状态，图 1-93 所示为已收藏状态。设计活动指示器组件可自定义其尺寸和颜色，使之与视图背景相协调。

图 1-92　未收藏状态

图 1-93　已收藏状态

（3）进度指示器（图 1-94）。进度指示器是用于预测任务完成情况的显示组件。例如时间进度条组件，用户想知道完成任务大约需要多长时间的时候，就需要进度指示器显示时间进程。进度指示器能让用户的体验感变得更好，已填充和未填充部分间的比例能告知用户任务或过程的完成大概需要的时间，但用户不与进度指示器交互。本项目设计的进度指示器组件的颜色应使用配色中的相关色彩，图形设计与设计动画效果的原理是一样的，先设计好每帧图形的效果，帧数越多，动画过渡越流畅，最后每帧图片以 PNG 格式输出保存。

图 1-94　进度指示器

（4）页码控制器（图 1-95）。页码控制器是显示界面页数的组件，可展示当前所在位置，让用户清楚自己所处的页面位置，增强良好的用户体验感。本项目在页码控制器设计上用圆点展示，圆点的顺序与

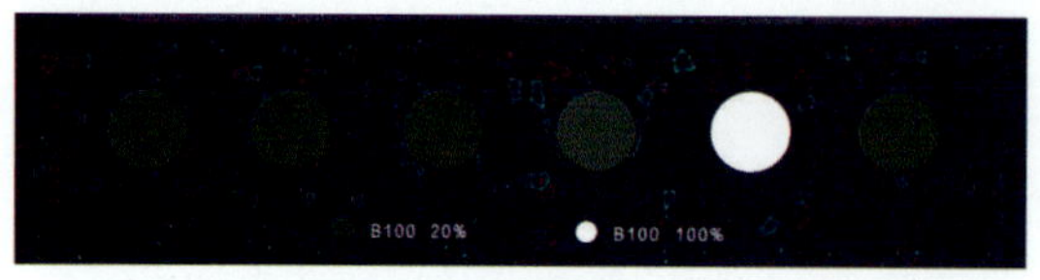

图 1-95　页码控制器

视图的顺序一致，用户可以单击圆点进行交互，并快速到达想要浏览的页面，不同颜色的圆点代表当前打开的页面。

（5）刷新控件（图 1-96）。刷新控件是指用于刷新当前页面的内容的显示组件。在当前页面使用下拉动作时界面会出现一个显示这个组件，并逐渐反馈当前页面内容更新条数。在本项目中以转动效果的两条鱼为刷新控件（图 1-97），设计方法同进度指示器组件设计类似，以中国年画中的常见的鱼为动态主体，先设计每帧图片的旋转位置，最后以 PNG 格式输出保存。

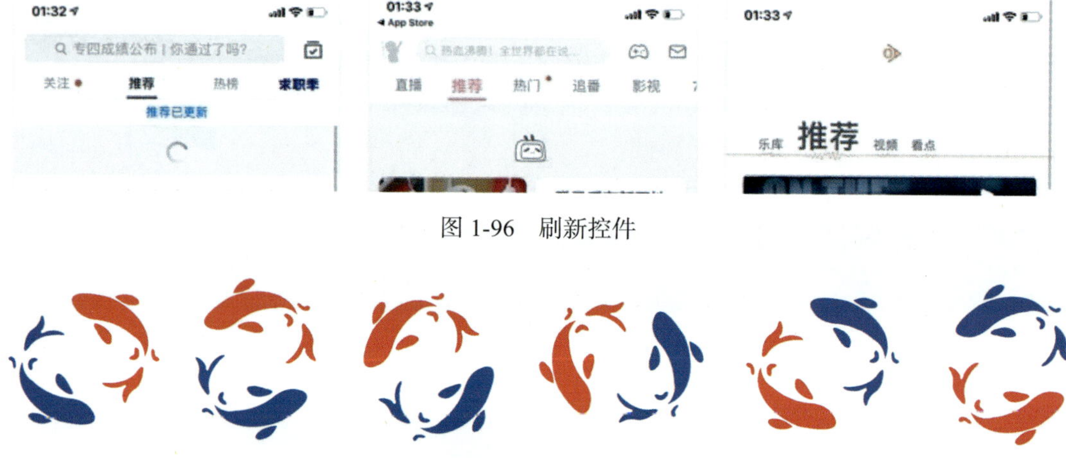

图 1-96　刷新控件

图 1-97　中国年画数字媒体资源库刷新控件设计

（6）单选按钮。单选按钮是用于一组互斥的选项的组件，用户仅能选择一个选项。本项目在进行单选按钮设计时需考虑：屏幕空间要足够大；选项的数量不宜过多；选项内容是重要的，且需要罗列展示；要让按钮的选中状态与非选中状态有明显区分，选中后按钮可显示为红色空心圆，未选中时按钮可显示为灰色圆圈（图 1-98）。

（7）复选框。复选框是为用户提供一组相互兼容的选项组件，用户可以选择一个或同时选择多个选项，也可不选任何选项。本项目在选项按钮设计上，选中状态与非选中状态明显不同，选中后按钮可显示为红色钩号图形（图 1-99），未选中时按钮可显示为灰色。

（8）文本框。文本框是指可以接受用户输入文本的圆角区域组件。在设计文本框前，应先考虑是否有其他控件让用户的输入变得更为简单，如选择器或者列表。能让用户选择的，就不要让用户输入。本项目文本框设计如图 1-100 所示，根据项目整体的风格，边框样式设计为圆角，颜色使用灰色描边。

（9）下拉框（图 1-101）。下拉框又叫下拉菜单，是用于从一组互斥值列表中进行选择的组件，用户仅能选择一个列表中列出的选项且最终只显示一项选择内容。下拉框设计一般较为紧凑，与其包含的选项数量无关，对屏幕空间的占用是固定的，节省空间。本项目选中状态时的设计如图 1-102 所示，使用的颜色为项目主色，文字为白色。

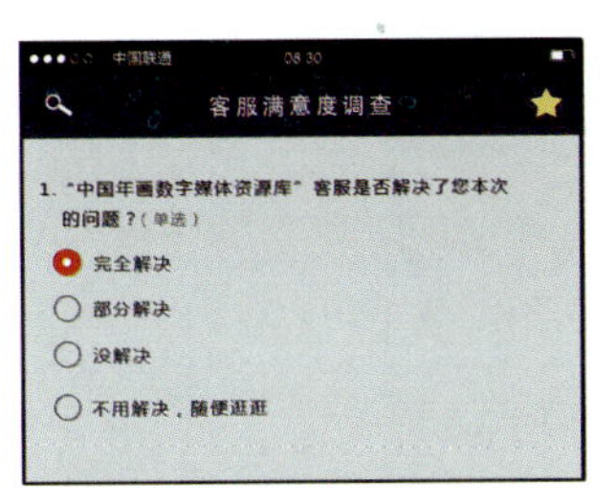

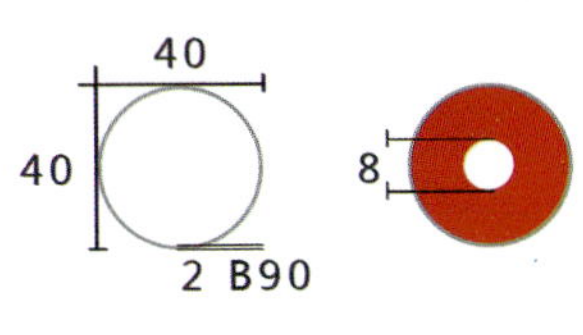

图 1-98　单选按钮设计（单位：PX）

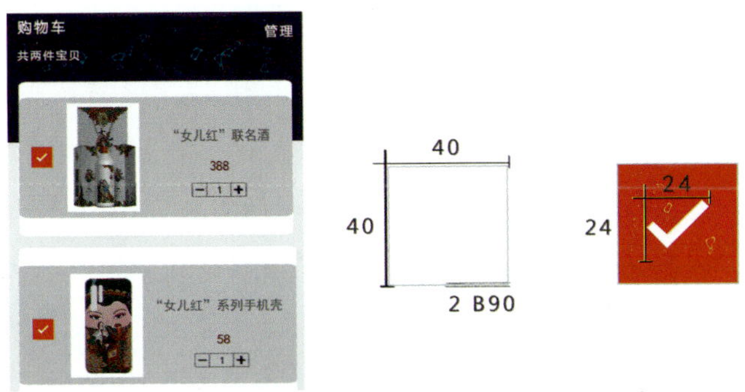

图 1-99　复选框设计（单位：PX）

（10）模态浮层（图 1-103）。模态浮层也叫对话框，是一种重量级提示组件。当处于某种特殊情况时，需要用户对重要信息行进行确认，此时浮层以外的界面不可滚动和操作。本项目的模态浮层设计如图 1-104 所示，颜色一般使用透明度为 90% 的黑色或者白色。

非模态浮层（图 1-105）是一种轻量级提示组件，它浮游于当前场景页面之上，定位在页面中心显示两秒消失，不影响其他页面的操作，用于通知用户出现非关键性问题。本项目的非模态浮层设计如图 1-106 所示，颜色一般使用有透明度的黑色或者白色。

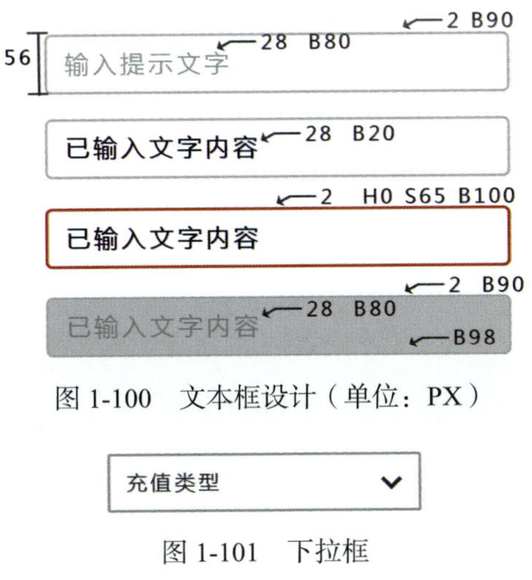

图 1-100　文本框设计（单位：PX）

图 1-101　下拉框

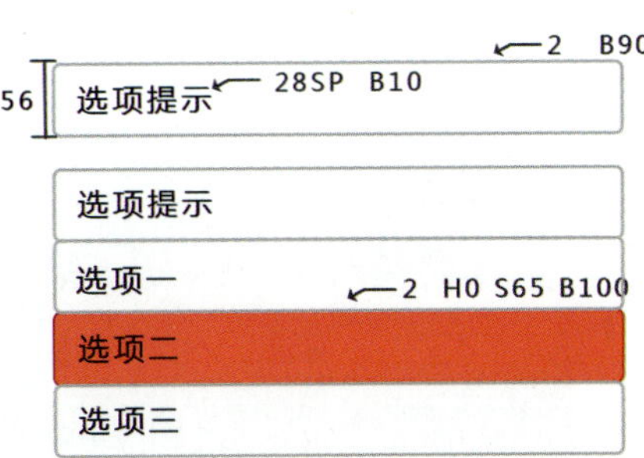

图 1-102　下拉框设计（单位：PX）

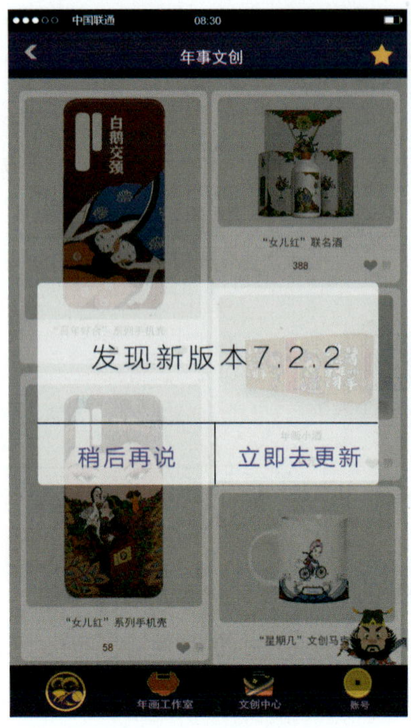

图 1-103 模态浮层

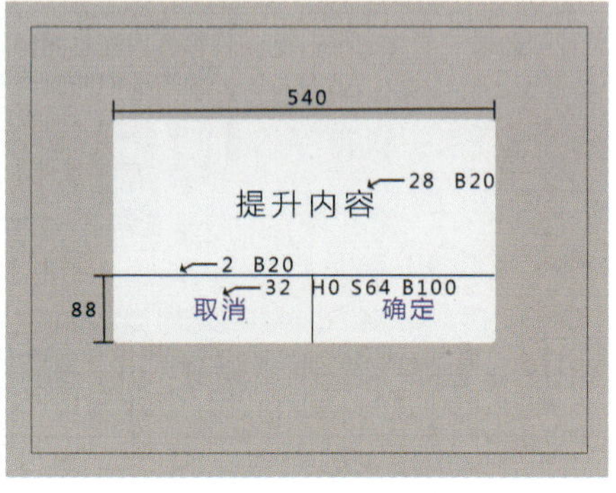

图 1-104 模态浮层设计
（单位：PX）

图 1-105 非模态浮层

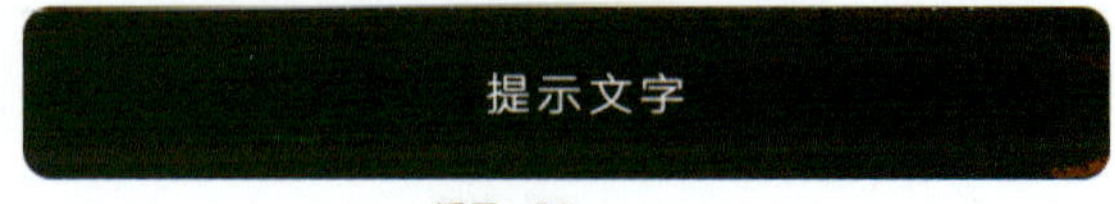

浮层：B0
透明度：80%
文字：28PX B100 居中

图 1-106 非模态浮层设计

本项目 PC 端典型页面视觉设计如图 1-107 所示，移动端典型页面视觉设计如图 1-108 所示。

图 1-107　中国年画数字媒体资源库 PC 端界面效果图

图 1-108　中国年画数字媒体资源库移动端界面效果图

任务四　中国年画数字媒体资源库 UI 输出与展示

中国年画数字媒体资源库 UI 输出与展示任务分为标注、切图、Axure RP 9 展示、H5 平台展示四个方面内容，其目的是为了更好地与客户、后台开发工程师沟通交流，提高产品质量与开发效率。标注即标记注释页面中元素的位置、大小、颜色和间距等各种属性信息，方便设计师和后期开发者更好地交流，让后期开发者一目了然地明白界面设计；切图即做完各种标注后，需要输出给开发者一张张的图片资源；展示即运用 Axure RP 9 软件或 H5 展示平台实现交互展示效果，直观展示 UI 设计效果。

中国年画数字媒体资源库 UI 输出与展示 · 规范标注

1. 规范标注

标注（图 1-109）就是标记注释页面中元素的位置、大小、颜色和间距等各种属性信息。页面标注（图 1-110）的作用是给开发工程师提供参考，在标注之前需要与开发工程师进行沟通，了解他们的工作方式和习惯，以便能更快捷高效地完成工作，并且最大限度地完成视觉的还原。标注原理（图 1-111）则是 UI 设计师把整个页面分为多个大小不一的方块盒子，这些盒子最终被拼接成一个完整的页面。移动端页面标注可以只基于 iOS 系统设计稿进行，供 Android 系统和 iOS 系统的开发人员共同使用。

图 1-109 标注

标注分为以下三个方面内容：

（1）标注页面元素的大小和间距，如图 1-112 所示。对于相同属性的页面元素，只需标注一个，不需要重复。

（2）标注页面元素的材质属性，即颜色、透明度、模糊和投影，如图 1-113 所示。很多页面运用了透明度叠加的效果，元素透明度不是 100%，如文字的标注，不能直接标注其颜色的色值，还需要标注文字的透明度，通过透明度的变化来形成丰富的层次感，标注的字号要为双数且不能出现小数点。

（3）标注页面元素的状态变化，如图 1-114 所示。标注既要标注页面元素的静态属性信息，同时也要标注页面元素的动态变化，如按钮按下去后的变化状态、图标单击后的变化状态等，这些都需要在标注图上注明。

图 1-110　页面标注

2. 规范切图

在 Photoshop 等图像处理软件里有个“切片”工具，它的作用可用于 UI 设计中的切图。切图即做完各种标注后，输出给开发工程师一张张图片资源。如果不对界面进行切图，界面的图片会非常大，如遇网络不佳时，缓冲或下载图片就会非常耗时、耗流量；如果把一个界面分成若干份小图素，在

中国年画数字媒体资源库 UI 输出与展示 · 规范切图

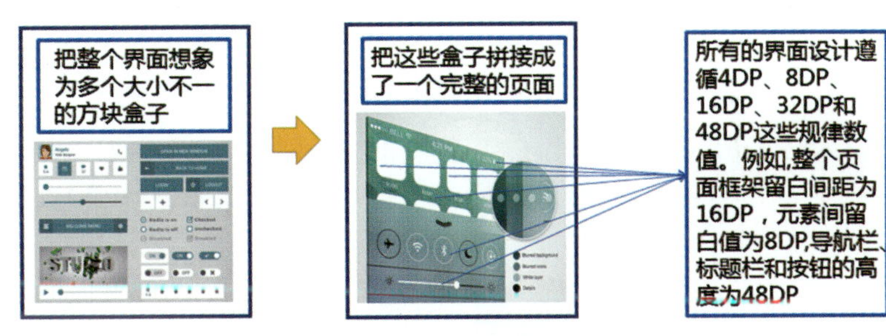

图 1-111　标注原理

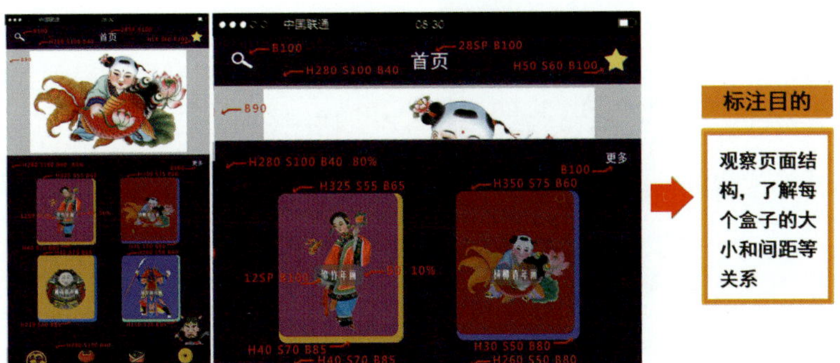

图 1-112　标注页面元素的大小和间距

图 1-113　标注页面元素的材质属性

图 1-114　标注页面元素的状态变化

打开界面时，速度将会提高。精准的切图让界面分布更加清晰，可满足开发工程师设计效果图的高保真还原的需求，对不同的页面元素进行精准的交互设计，减少不必要的热区设计，降低开发工程师的工作量，降低项目内存大小，提升用户使用时的加载速度。

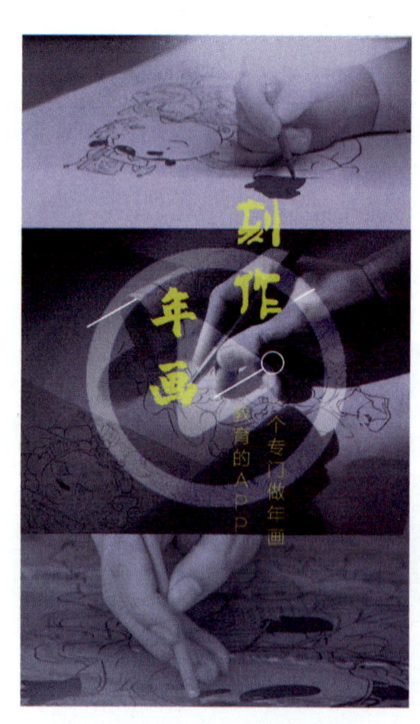

图 1-115　全屏切图

当然，很多页面元素是不需要切图输出的，可直接使用系统原生的设计元素修改参数。例如，文字、卡片背景、线条和一些标准的集合图形是不需要提供切图的，只需在搜索框中注明尺寸大小、圆角大小、描边粗细、色值等，开发工程师即可通过代码实现这些效果。移动端切图可以只基于 iOS 系统设计稿进行，供 Android 系统和 iOS 系统的开发工程师共同使用。

切图分为以下四个方面内容。

1）图片切图

图片切图包含新手引导页、启动页面、默认图、广告图等内容。同一类型的图片切图一般要保持同样的尺寸，以便于工程师开发使用。切图方法分为全屏切图（图 1-115）和局部切图（图 1-116）。

图 1-116　局部切图

图片切图文件占存储空间相对较大，在加载页面过程中会影响加载速度，因此图片切图要尽量控制切图文件的大小（图 1-117）。控制切图文件的大小，既可以用 Photoshop 等软件对图片进行压缩，也可以使用 Tinypng 软件对图片进行批量压缩。

2）图标切图

图标切图只需要提供直角切图，系统会自动生成圆角效果（图 1-118）。

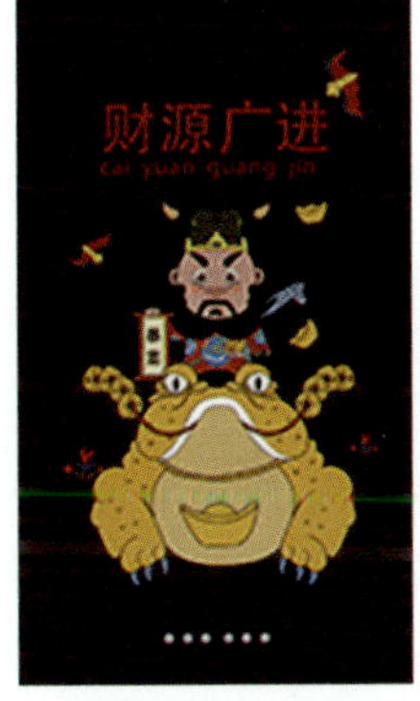

图 1-117　控制切图文件大小

图 1-118　图标切图效果

图标切图的单击区域尺寸不应小于 88×88PX（图 1-119）。随着大屏手机的兴起，手机屏幕单击区域从原来的 44PX 变为了 88PX，88PX 换算成物理尺寸为 7～9mm。人机工程学曾指出，人类舒适的触击范围为 7～9mm。所以在 iOS 系统中，空间尺寸也经常出现 88PX 的数值，如菜单栏的高度便是 88PX。小于这个范围的图标切图会让单击不灵敏，体验感较差，需要进行周围透明区域填充后再输出切图（图 1-120），因为如果没有填充空白区域，图标就会被自动扩大到

图 1-119　图标切图尺寸（单位：PX）

图 1-120　图标切图填充（单位：PX）

88×88PX，导致图标会大于设计的尺寸。

图标切图尺寸必须为双数像素，以保证开发工程师在设计时为高清显示。如果单数像素切图，手机系统就会自动拉伸切图从而导致切图元素边缘模糊，进而造成界面效果与原设计效果差距甚远（图 1-121）。

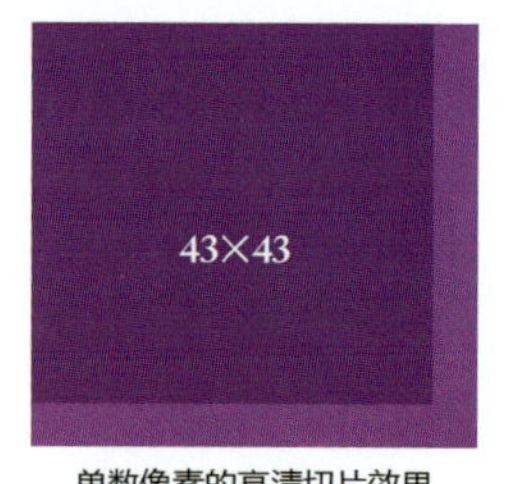

图 1-121　图标切图像素（单位：PX）

3）可拉伸元素切图

移动端设备都具备横竖屏转换的功能，当屏幕竖屏变横屏时，竖屏元素会自动进行拉伸来符合横屏元素的要求。如果竖屏元素拉伸仅仅是普通的变换，横屏元素将会失真变模糊；但如果使用特殊的切图方式，则无论怎么拉伸元素都不会改变其清晰度，也不会发生变形。按钮、输入框等都属于可拉伸元素，这些元素通过瘦身压缩可以极大地减小元素的尺寸，提升用户在使用中的加载速度。在 iOS 系统中这种切图方式称为平铺切图法，在 Android 系统中这种切图方式称为点九切图法。

点九切图法需要把元素划分为 9 个部分，即 4 个边、4 个角和 1 个中心，此时圆角图形的 4 个圆角不发生变化，拉伸的只是 4 条直线边（图 1-122）。如图 1-123 所示，从直观对比可以看到，由点九图拉

图 1-122　点九切图法　　　　图 1-123　点九切图效果

伸变化的元素是不会影响其视觉效果的，所以这种切图法的作用是明确界面切片后切图的拉伸关系。

图 1-124　可拉伸效果切图

图 1-125　无拉伸效果切图

（1）常规可拉伸元素切图。以可拉伸圆角矩形切图为例，如图 1-124 所示，系统会默认该元素为可拉伸元素，但如图 1-125 所示，只能理解该图为一个四角是圆弧状的长方形切图。

图 1-126　可上下无限拉伸元素切图

在元素拉伸的情况下，为了保证圆角元素的形态不发生变化，如图 1-126 所示，左边的直线表示将圆角矩形分为了三部分，这样标注明确了中间的区域可以无限地上下拉伸，而不包含圆角；左右拉伸同理，可用上面的黑色线条进行控制。黑色直线也可用 1 像素的点代替，如图 1-124 所示。要注意其四个边（或者一个像素点）必须是纯黑色（#000000），最小拉伸预留区域为 1PX。

左边和上边的线条表示控制图片的拉伸，右边和下边的线条表示控制内容的显示（图 1-127）。如果没有控制内容的线，圆角矩形中的内容将会把整个圆角矩形元素撑满，如图 1-128 所示；但加上右边的直线，将会对圆角矩形元素中的内容进行限制，如图 1-129 所示；当加上右边和下边的直线，则表示对内容进行了居中的限制，如图 1-130 所示；内容控制线不能画顶格，否则会出现图 1-131 中的问题。规范的制作方法如图 1-132 所示，内容控制线绘制与中间内容框同样大小。

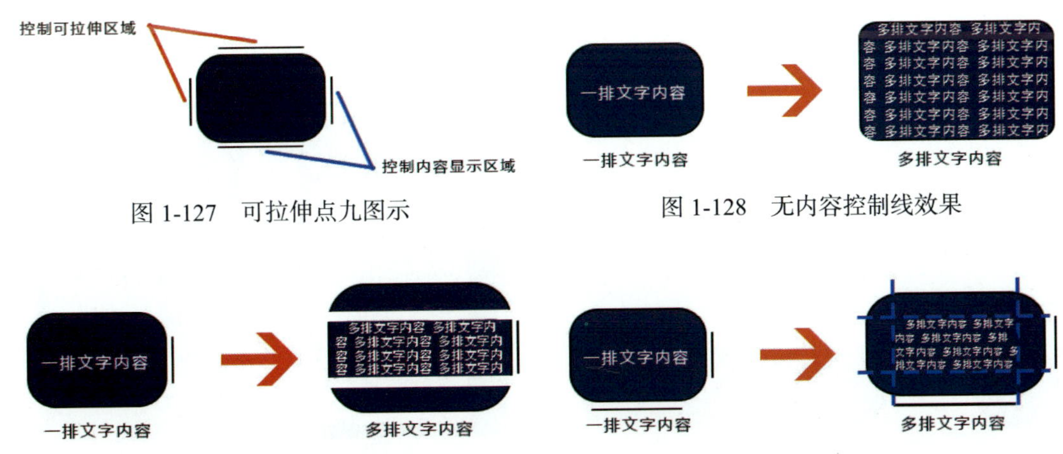

图 1-127　可拉伸点九图示

图 1-128　无内容控制线效果

图 1-129　有内容控制线效果

图 1-130　内容控制线没顶格效果

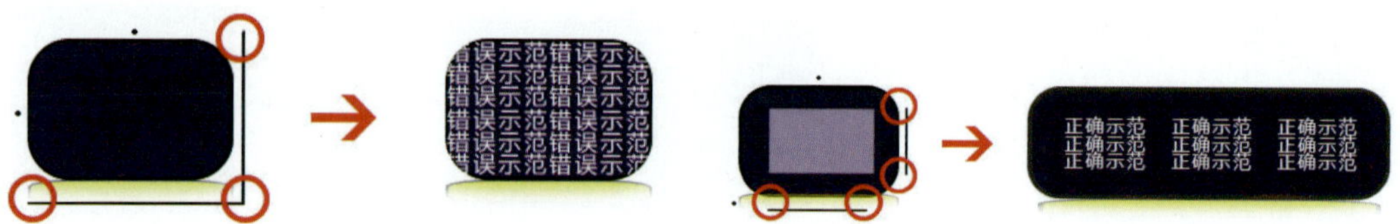

图 1-131 内容控制线顶格效果　　图 1-132 点九图内容控制线规范绘制

（2）常见异形元素切图。

① 具有投影效果的元素切图：对具有投影类的元素进行切图，方法如图 1-133 所示；但对于有文字内容的此类元素，会出现元素中间的文字下移的现象，如图 1-134 所示，其原因是在进行切图时，没有将投影的高度计算到切图元素当中，在制作类似图片时一定要将投影的位置预留出来。

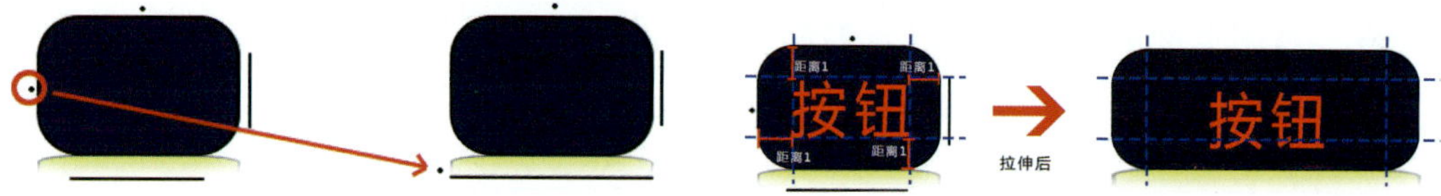

图 1-133 有投影内容控制线效果　　图 1-134 无投影内容控制线效果

② 不规则图形切图：在进行不规则图形元素切图时，如图 1-135 所示，需要注意，右边直线的长度低于凸现出来的部分时，基本不会发生错误。例如弹出框（图 1-136）这样的不规则图形元素，元素右上角的三角形具有指向性，会根据内容的多少进行范围增减，这种图形在进行切图时就存在一定的难度，需要运用组合切图的形式来完成，如图 1-137 所示。此时，需将一个切图分割为两个切图，这样既能保证连接处的效果，又能灵活移动三角形指向的位置。

图 1-135 不规则图形切图

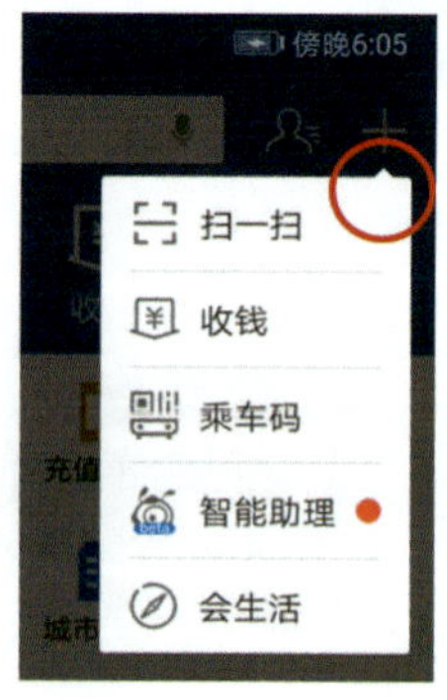

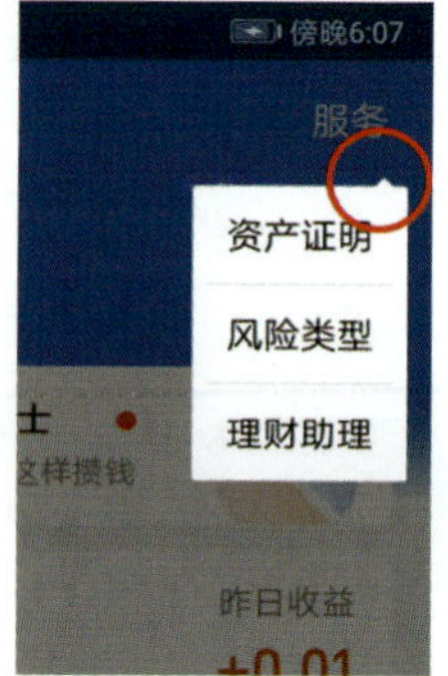

图 1-136 弹出框

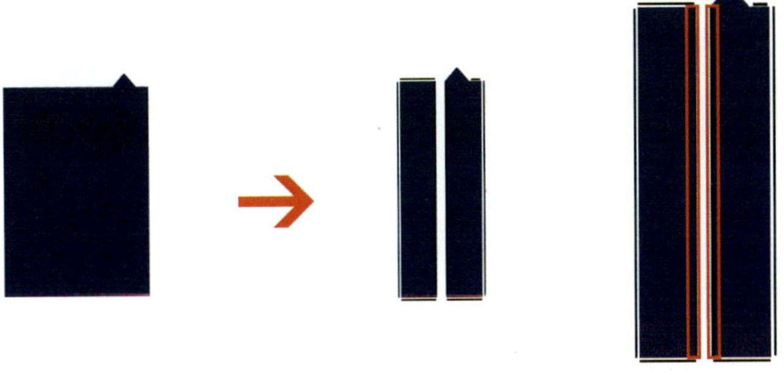

图 1-137　组合切图

4）动效元素切图

动效元素切图包括动画切图，其方法是把加载动画所需要的动态效果进行序列切图（图 1-138），然后在设计时让这些元素排序播放形成动画效果。为保证动效播放时的流畅自然，需要 UI 设计师仔细斟酌切图的帧数。

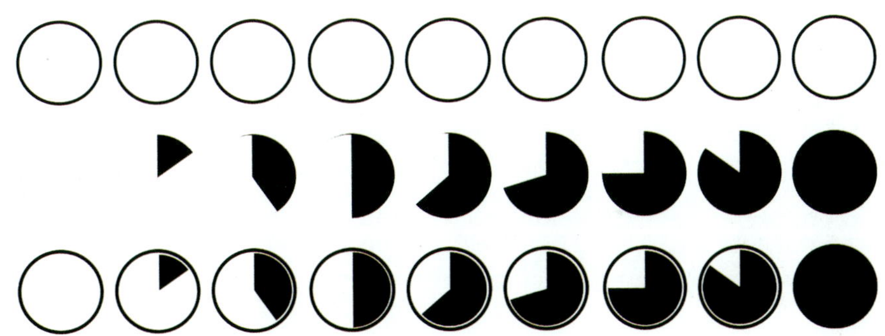

传统圆形进度条

中国年画数字媒体资源库进度条

图 1-138　动画效果切图

动效元素切图还包括可单击部件相关状态切图的输出，如正常状态、单击状态、不可单击状态（图 1-139）。在切图过程中不仅要输出正常状态的切图，更要注意不要遗漏其他状态的切图，UI 设计师在做设计图时最好把页面中会出现的各种状态展示出来，避免后期遗漏。

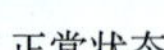
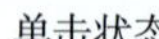

正常状态　　单击状态　　不可单击状态

图 1-139　可单击部件相关状态切图

3. Axure RP 9 展示

所有设计好的元素可根据策划内容用 Axure RP 9 软件组合在一起，进行交互展示。

1）页面链接交互展示

选择触发交互元素，添加交互，选择鼠标单击时，链接所需的页面即可。如图 1-140 所示，单击首页元素，在右边单击添加交互属性，链接进入主页，如图 1-141 所示，继续添加交互属性，链接二级页面（图 1-142）、三级页面（图 1-143）。

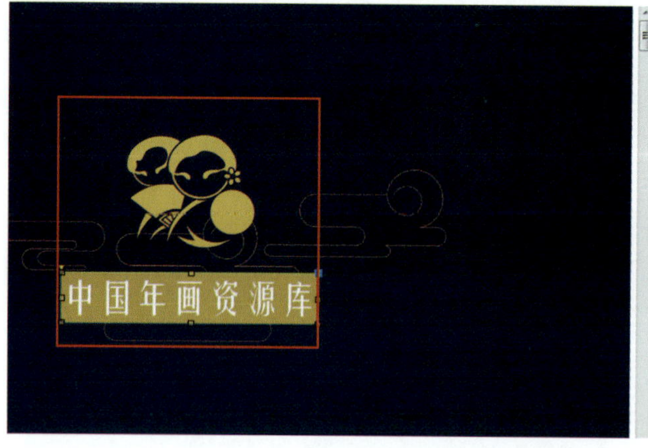

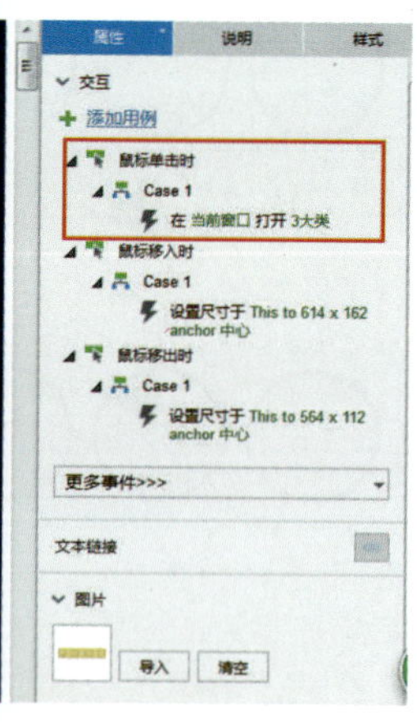

中国年画数字媒体资源库 UI 设计输出与展示・Axure RP 展示

图 1-140　首页元素

图 1-141　主页

图 1-142　二级页面

图 1-143　三级页面

2）触发元素大小变化交互展示

选择触发交互元素（图片也属于触发元素），添加交互属性：选择鼠标移入时设置触发元素尺寸大小的属性，让其尺寸放大；鼠标移出时设置触发元素尺寸大小的属性，让其尺寸缩小。具体如图 1-144～图 1-146 所示。

3）触发元素颜色变化交互展示

选择触发交互元素，添加交互属性：选择鼠标移入时改变颜色或者透明度，如图 1-147 所示。

4）图片自动轮换交互展示

选择触发交互元素，在交互属性中添加动态面板，准备若干合适的图片，重叠放置，然后设置面板状态，如图 1-148 所示。

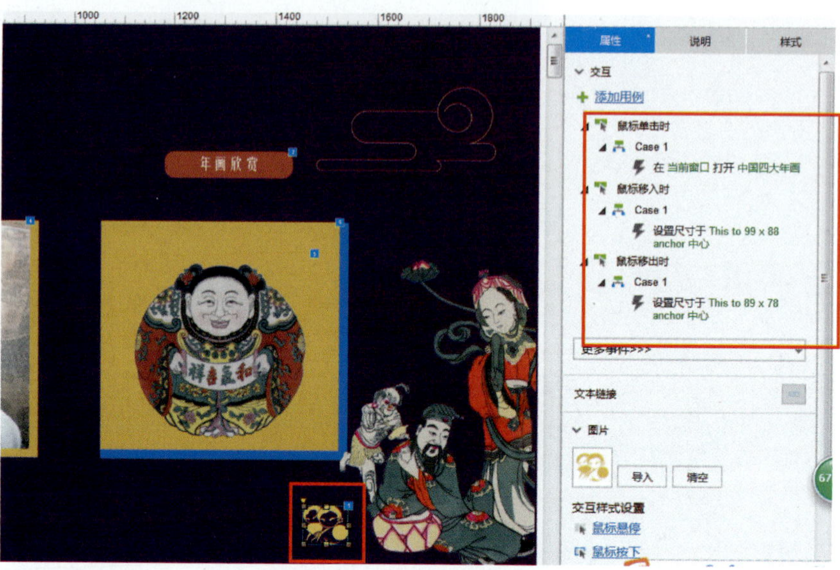

图 1-144 触发元素大小变化交互展示 1

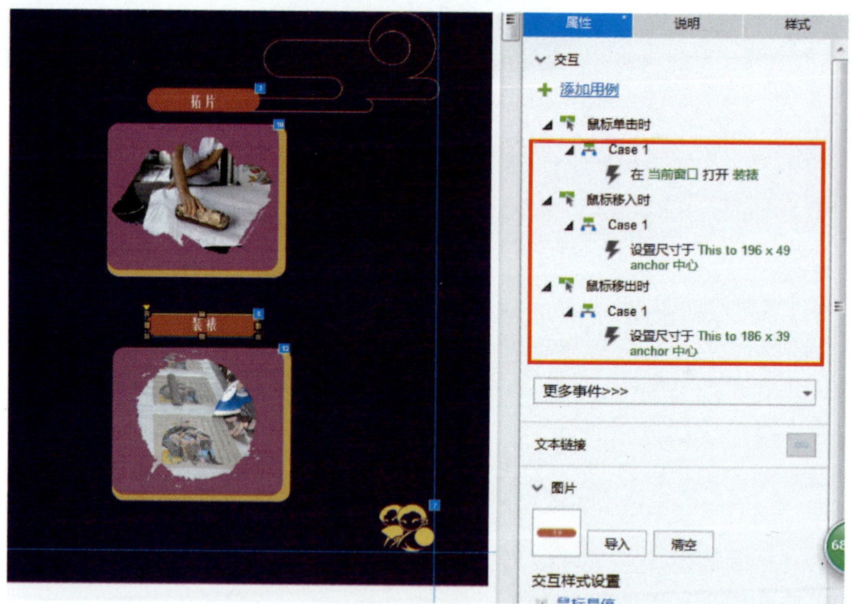

图 1-145 触发元素大小变化交互展示 2

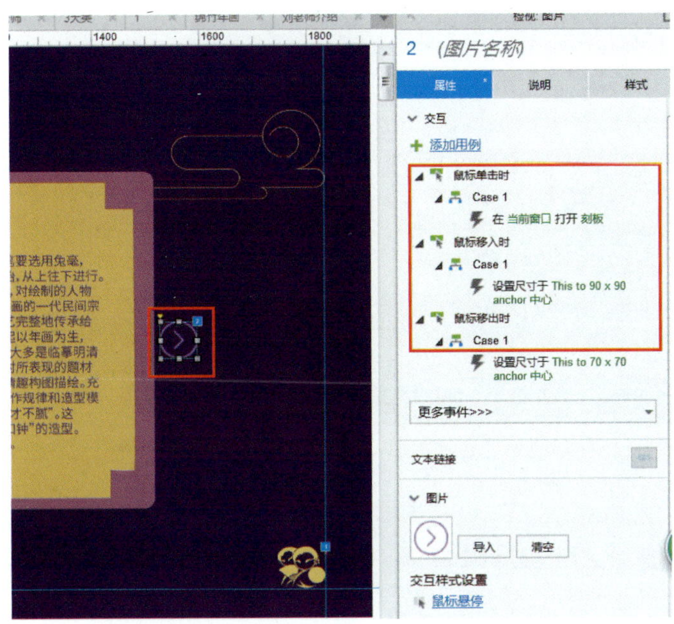

图 1-146　触发元素大小变化交互展示 3

图 1-147　触发元素颜色变化交互展示

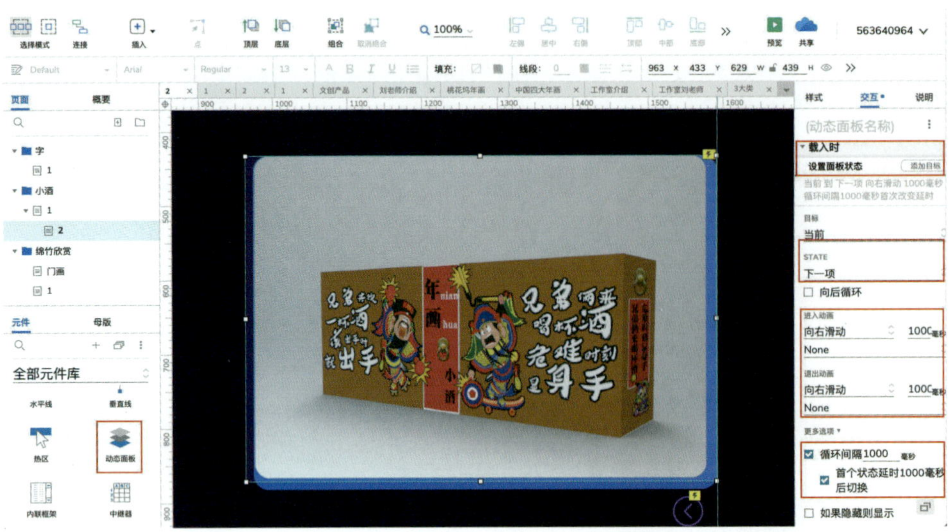

图 1-148　图片自动轮换交互展示

5）触发元素旋转交互展示

选择需要旋转的触发元素（图 1-149），添加交互“载入时”（若下方没有，则单击“更多事件”查找），选择动作：旋转；勾选旋转元件。设置参数如下：

旋转角度：3600（即旋转 10 圈）；锚点：中心；动画：线性；时间：50000（这是旋转 10 圈的时间，如果想增加圈数，可以按倍数递增）（图 1-150）。

图 1-149　触发旋转元素

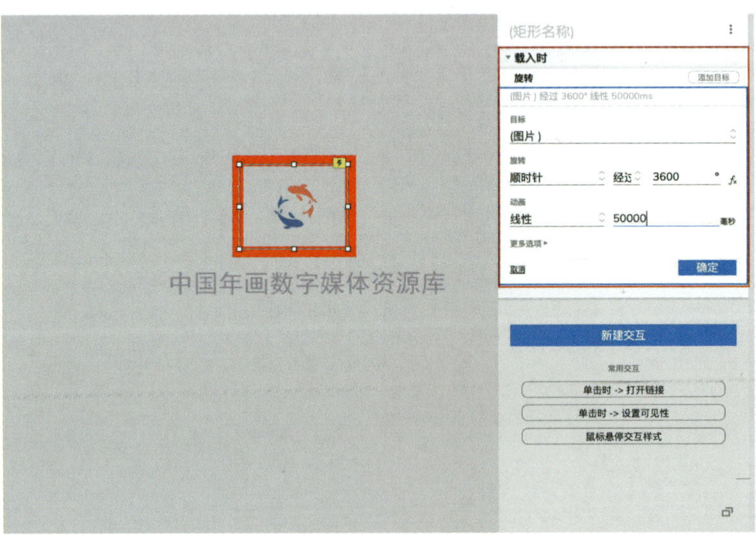

图 1-150　触发元素旋转设置参数

注意：不要把交互动作设置在页面载入时，而要设置在组合（元件）载入时，这样在复制元件至另一个页面时交互动作才不会消失。

6）收藏按钮类交互展示

选择心形按钮，在属性中设置它的选中状态，勾选填充颜色为红色（图 1-151），并添加用例（图 1-152）：单击设置选中→元件 favorite，设置选中状态中值为 toggle。其意思是单击的时候切换状态，即当元件为未选中状态时，单击后变为选中，反之亦然。

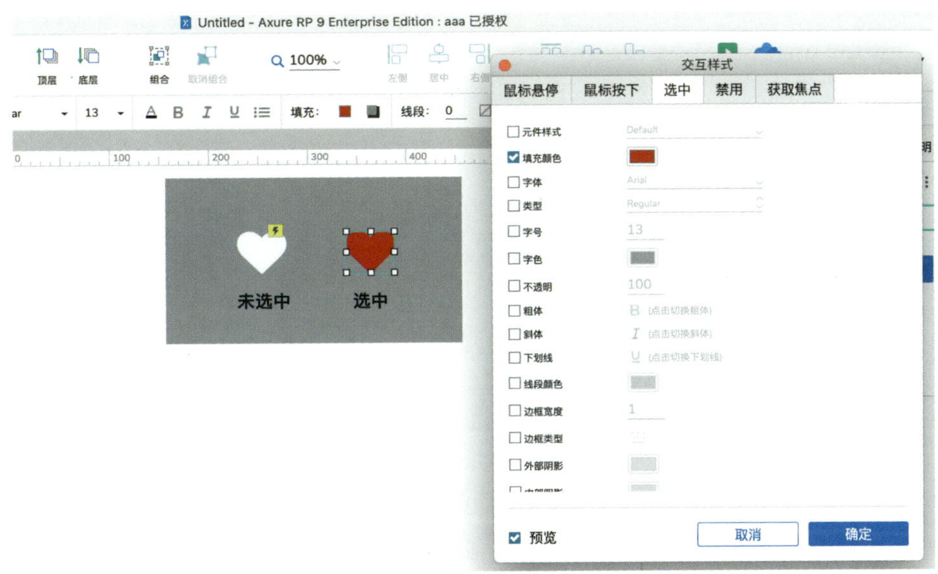

图 1-151　收藏按钮设置选中状态

图 1-152　收藏按钮添加用例

中国年画数字媒体资源库 UI 输出与展示 · H5 平台展示

4. H5 平台展示

市面上的 H5 平台解决了 UI 设计师不擅长编程展示的窘境。使用 H5 平台可以让 UI 设计师更专注地做设计，以提高产品设计质量，节约设计成本，展示效果也比较理想。市面上 H5 平台很多，操作界面大同小异，使用较多的有“易企秀”“兔展”“百度 H5”“MAKA”“维本”“人人秀”“iH5 互动大师”等（图 1-153）。下面以“兔展”H5 平台为例进行操作介绍。

图 1-153 H5 平台

1）认识平台

首先进入“兔展”主页 https://www.rabbitpre.com/（图 1-154），注册“兔展”账号，单击头像下工作台（图 1-155），然后进入制作界面（图 1-156），单击左上角的新建作品（图 1-157）。滑动界面选择下方空白模板，也可选择设计好的 PC 端模板（图 1-158）或移动端模板（图 1-159），但为了体现 UI 设计的独特性与后期的可操作性，建议选择空白模板。

图 1-154 “兔展”主菜单栏

图 1-155 “兔展”工作台

图 1-156 “兔展”制作界面

图 1-157 “兔展”操作键

图 1-158 “兔展”PC 端模板

图 1-159 “兔展”移动端模板

单击空白模板，进入操作页面，如图 1-160 所示红色框为页面预览区，绿色区域为单页编辑区，浅蓝色区域为便捷工具区，粉红区域为功能选择区，灰色区域为功能操作区，紫色区域为保存与发布区。

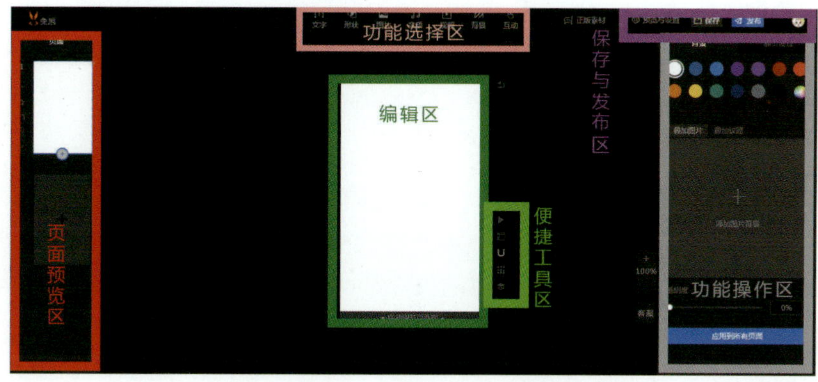

图 1-160 “兔展”工作界面

2）展示效果制作

（1）导入元素。将需要的元素通过“兔展”平台功能选择区（图 1-161）导入工作界面，功能选择区基本包含了界面中所需要的元素按钮：文字、形状、图片、音频、视频、背景、互动。

图 1-161 “兔展”平台工作栏

① 导入背景。单击功能选择区中背景工具按钮，在工作界面右方功能操作区编辑背景颜色（图 1-162），可以选择已经排列好的颜色，也可以单击第二排最后一个按钮自行选择颜色。颜色编辑区下方可叠加图形或叠加纹理。还可调整透明度，让背景层次丰富。为避免每页重复动作，将制作完成后的背景运用到所有页面。

背景的基本制作工具旁边有一项翻页设置工具（图 1-163）。翻页工具的作用是增加界面翻页的特殊效果，有上下页的滑动、立体翻转、覆盖、扇形翻页、缩放层叠、层叠、覆盖缩小等七个选项。翻页效果可以单页设置，也可以同时应用到所有页面。所有页面运用翻页效果后，还可以单击下方的“当前页禁止滑动翻页”功能，单独选择停止运用翻页效果页面。最下方有一项为全局设置的功能，可以设置翻页循环、翻页小圆点、翻页指引、禁止滑动翻页、自动翻页等功能。但翻页小圆点和翻页指引（图 1-164）会影响界面的观

图 1-162 背景编辑

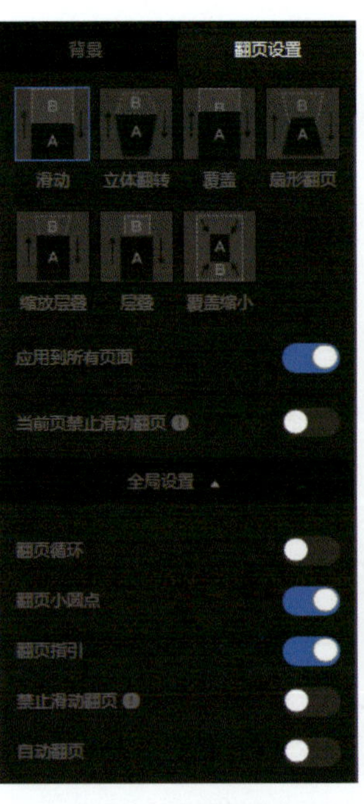

图 1-163 翻页设置

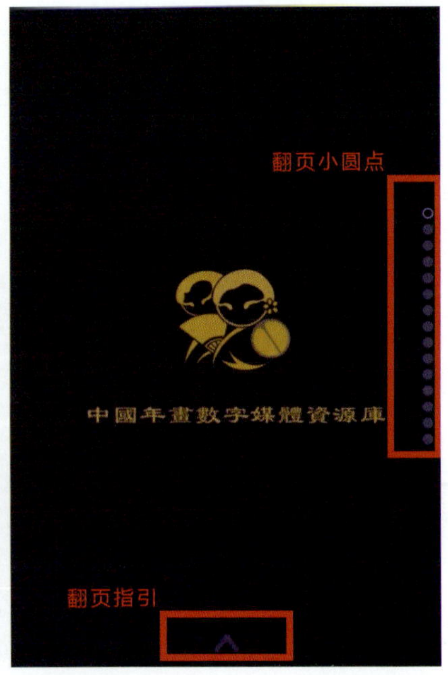

图 1-164 翻页小圆点和翻页指引

看，不推荐开启该功能。

② 导入图片，有两种方法。

方法 1：单击功能选择区图片选项（图 1-165），出现图片导入页面（图 1-166），单击“上传图片”按钮，在弹出的对话框中选择上传需要导入的图片（图 1-168）。

图 1-165　导入图片工作栏

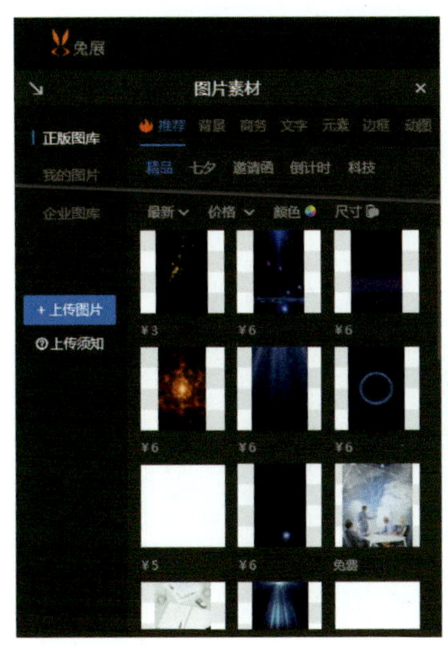

图 1-166　图片导入页面

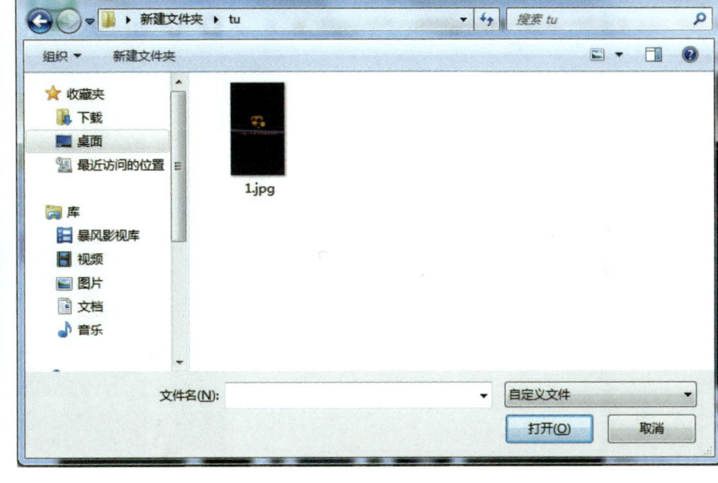

图 1-167　文件导入界面

方法 2：直接导入 PSD 源文件（图 1-169）。单击图 1-168 右下方便捷工具区中的“PS”按钮，出现 PSD 文件添加界面（图 1-170），拖动或者单击图中的“+”号按均能完成 PSD 文件的导入。导入 PSD 源文件（图 1-171）时不能在 PSD 的图层面板中出现编组（图 1-172），否则会出现显示不全等情况，如图 1-173 所示。当 PSD 文件导入成功后还需要对图层图片进行微调以达到所需效果。

图 1-168　上传图片

③ 页面增减。单击页面预览区（图 1-174）第一页下方的“+”号按，可以添加页面，重复此操作以实现页数的增加。单击有删除本页等功能，可减少页数（图 1-175）。

同样，导入 PSD 源文件时，可单击其中一页（图 1-176），并运用页面预览区左边的页面操作功能选项（图 1-177）调整页面，其中“∧”“∨”按钮为上移和下移，可以进行页面顺序的调整；星形

图 1-169 导入 PSD 源文件

图 1-170 PSD 文件添加界面

图 1-171 源文件导入后界面

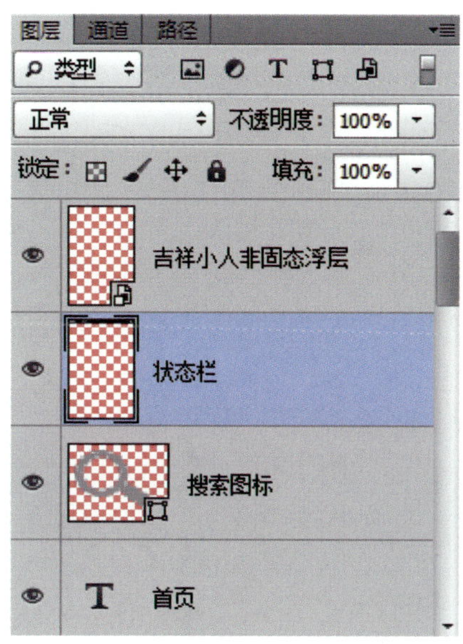

图 1-172　PSD 图层面板

编组导入

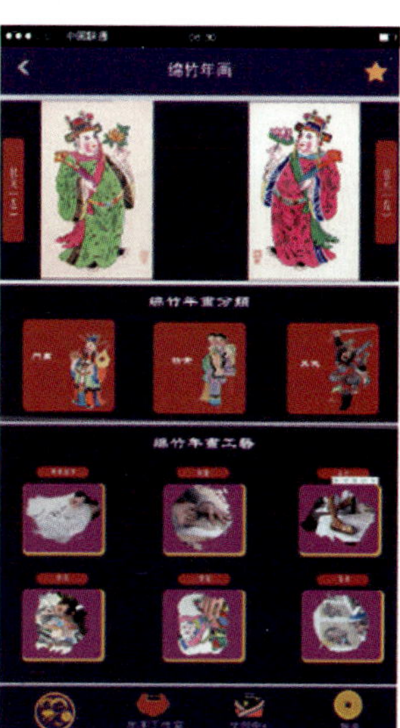

未编组导入

图 1-173　PSD 文件编组导入对比

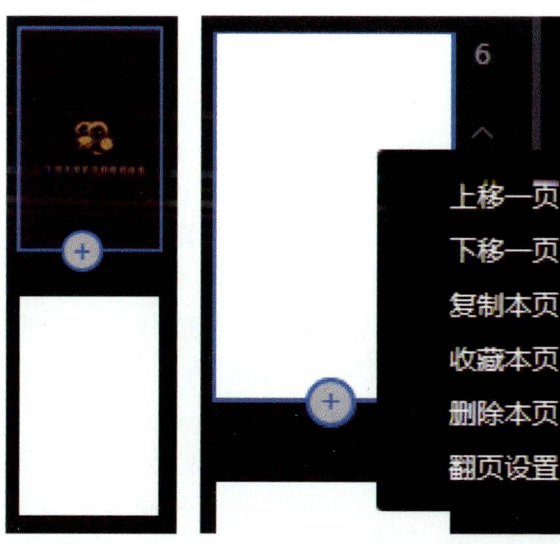

图 1-174　页面预览区

图 1-175　设置页面

图 1-176　PSD 页面预览

图 1-177　PSD 页面操作功能选项

按钮为收藏按钮，收藏的页面可以用于封面使用；方形为复制按钮，可以复制该页到其他页面，避免出现界面中小元素遗漏的情况；垃圾桶形按钮为页面删除按钮。

④ 导入文字。单击功能选择区“文字”功能选项（图 1-178），出现文字菜单（图 1-179），导入合适的文本样式后双击编辑文本（图 1-180）。完成文本编辑后，在编辑区右方纯文本的选项（图 1-181）中进行文字美化。纯文本的选项包括字体、字号、行距、字距、加粗、斜体、下划线、对齐方式、清除格式、竖排文字、文字颜色、文字下方的底色填充等，可以调整字体效果。字体效果的下方有“高级样式”选项（图 1-182），可以对文本边框效果进行设计。在“高级样式”下方的功能设置中还有“开启悬浮”选项（图 1-183），该选项是针对长文本而设置的。对一个长文本进行展示时，如果文本框在页面上部，滑动页面后将会导致文本框不可见，如果开启悬浮功能，文本框将会被固定显示在屏幕的某个位置，不会随着滑动页面而改变。

图 1-178 导入文字工作栏

图 1-179 文字菜单

图 1-180 双击编辑文本

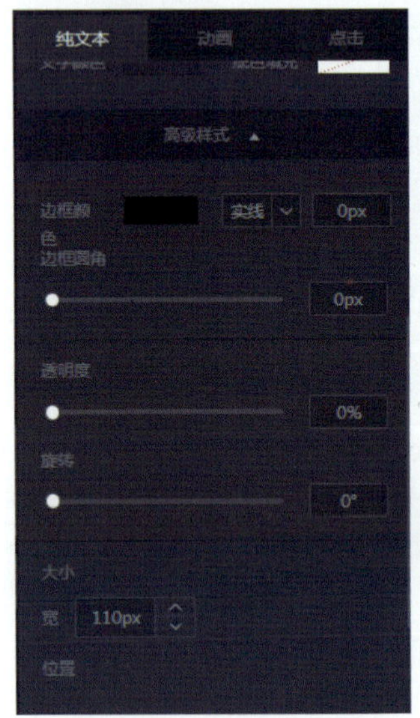

图 1-181 纯文本选项

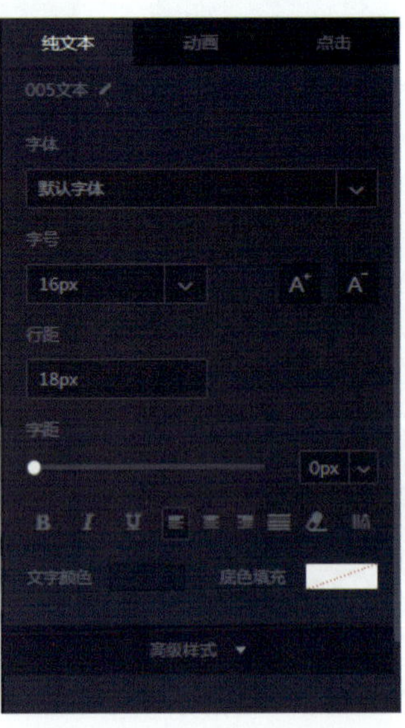

图 1-182 纯文本高级样式

⑤ 导入形状。单击功能选择区形状工具（图 1-184）则出现形状选项（图 1-185），形状工具里的素材可以分为基本形状、节日祝福、商务公关、花纹边框、个性标签、图标符号、数据图表、字母数字、电商元素等（图 1-186）。在“兔展”中因为没有图形编辑功能，所以只能使用它自带的图形。当然，最好的办法还是在图形设计软件中处理完毕后再导入 H5 平台中使用。

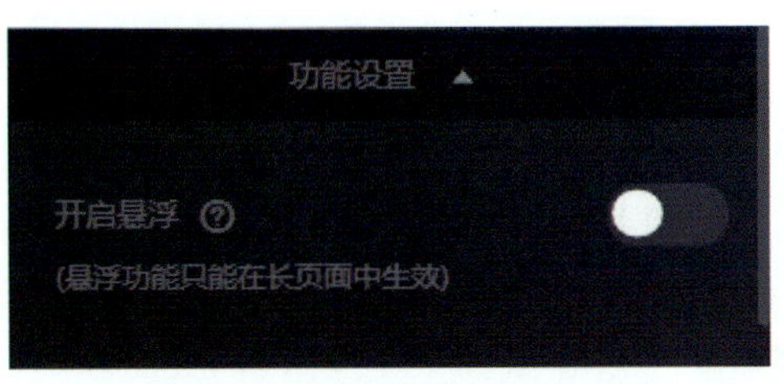

图 1-183　“开启悬浮”选项

图 1-184　导入形状工作栏

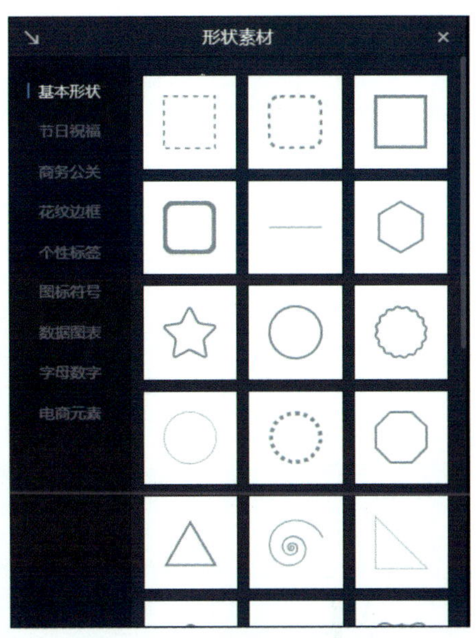

图 1-185　导入形状操作界面 1

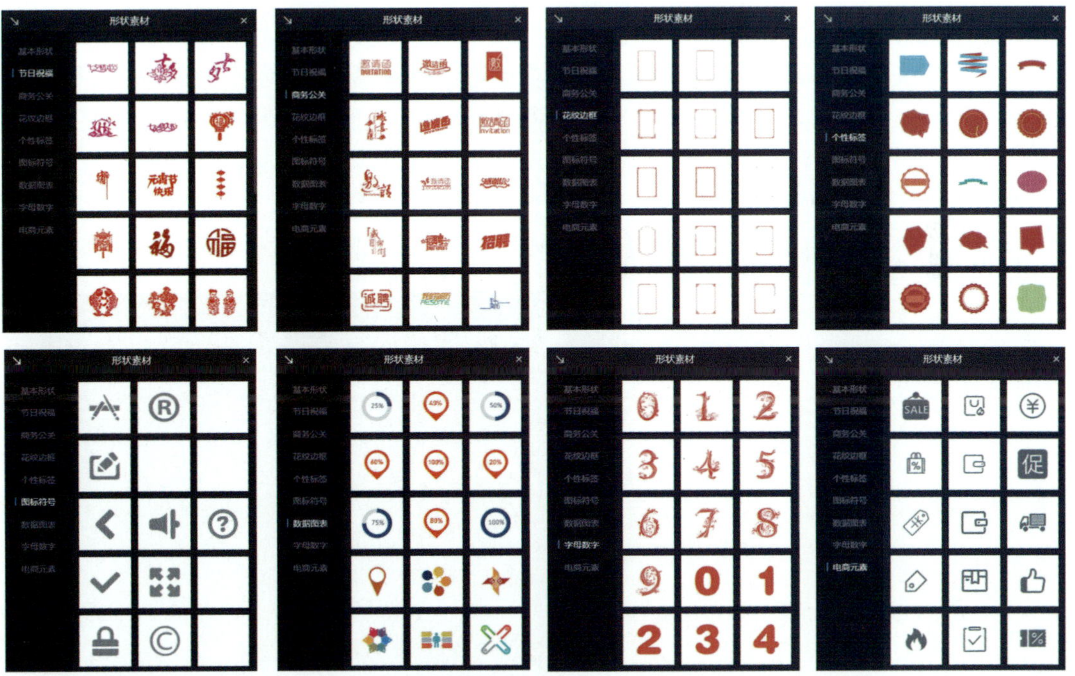

图 1-186　导入形状操作界面 2

⑥ 导入音频。单击功能选择区音频工具（图 1-187），出现“背景音乐”选项。背景音乐包括付费音频、免费音频、我的音频、上传音频、上传须知等功能（图 1-188）。

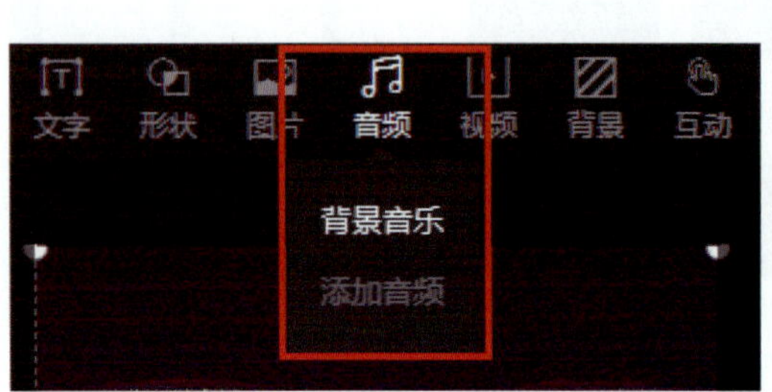

图 1-187 导入音频工作栏

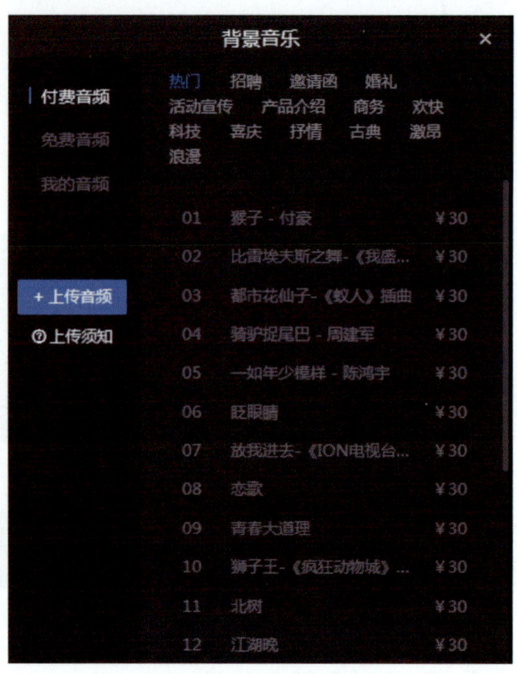

图 1-188 背景音乐

⑦ 导入视频。单击功能选择区视频工具（图 1-189），可导入视频（图 1-190），丰富界面内容形式。导入视频的方式有两种：一是自己上传视频，二是插入网上在线视频。如图 1-191 所示，上传拍摄好的视频即可；如使用在线视频，需要去视频网站获得该视频的通用代码，如图 1-192 所示。

图 1-189 单击功能选择区视频工具

图 1-190 导入视频操作界面

图 1-191　添加视频

通用代码　请从视频网站中复制通用代码

什么是通用代码

提交

图 1-192　视频通用代码

（2）交互效果。在功能操作区，动画与点击两个选项可为界面展示增加交互效果。

① 添加单击效果。单击功能是设置触发效果的功能，如跳转页面、跳转外链、拨打号码、显示隐藏等（图 1-193）。如图 1-194 所示，当单击其中某一个设置触发功能的元素后会出现跳转到其他内容界面的效果。又如外链效果，在界面中输入文本“兔展”二字，为“兔展”二字设置跳转外链，外链为 https://www.rabbitpre.com/（图 1-195），单击“兔展”二字即可自动打开该网页。再如单击“账号”按钮，设置账号图标单击效果，即可跳转到“账号”界面，以此形成触发效果。

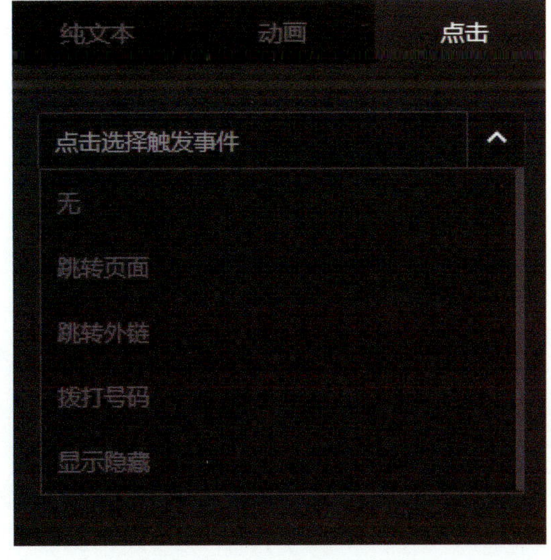

图 1-193　单击效果设置界面

② 添加动画效果。为界面展示添加动

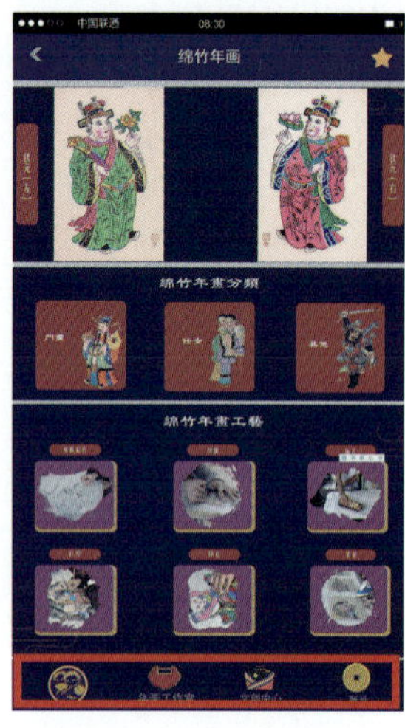
图 1-194 中国年画数字媒体库单击栏

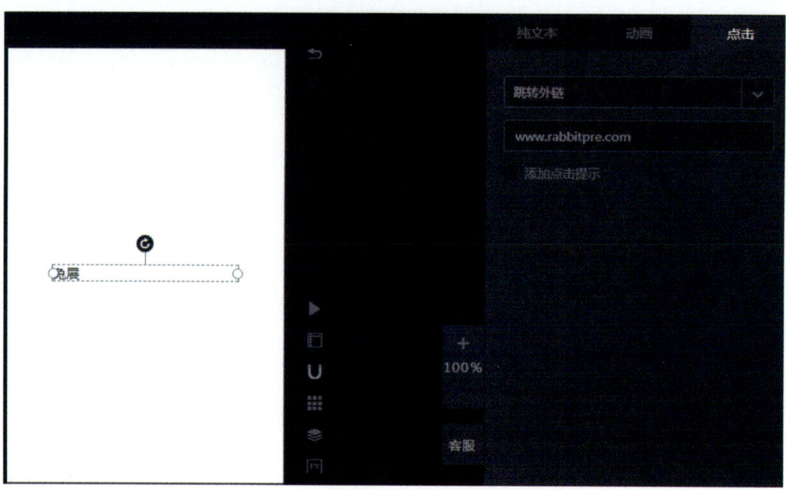

图 1-195 单击设置

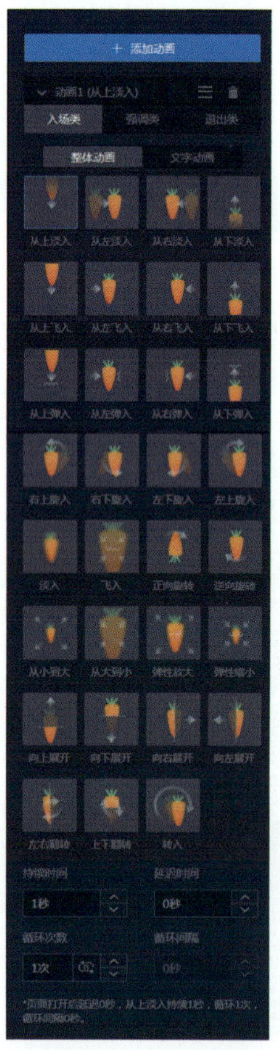

图 1-196 动画效果

画效果则选择动画选项，如图 1-196 所示，其包含入场、强调和退出等很多动画效果。

③ 制作循环动画效果。通常在首页界面的图片预览区会设计循环动画效果播放展示效果。如图 1-197 所示，以中国年画数字媒体库为例，制作 4 幅年画循环播放效果。循环播放动画原理如下：4 幅年画重叠，每幅年画消失会出现下一幅年画，即第一幅消失后接连出现第二、三、四幅动画，由此达到图片滚动播放的效果。具体操作方法如下：将 4 幅年画导入编辑区中，给第一幅年画做淡出的退出效果，持续时间设计为 2 秒，延迟时间为 2 秒，即第一幅图在界面上停留 2 秒后消失；第二幅持续时间设计为 2 秒，延迟时间为 4 秒；第三幅持续时间设计为 2 秒，延迟时间为 6 秒；第四幅持续时间设计为 2 秒，延迟时间为 8 秒。每幅图的循环次数可根据展示需要自定义，循环间隔时间为 4 幅图消失时间的总和 28（2+2+2+4+2+6+2+8=28）秒（图 1-198）。

④ 添加互动效果。单击功能操作区互动按钮工具（图 1-199），第一个工具为表单（图 1-200），表单的功能菜单有输入框、单项选择、多项选择、下拉框、两级下拉框、评分、提交按钮。

例如，当需要有表单交互功能时，单击表单选项，可生成能真实模拟填写信息的表单（图 1-201）。双击姓名、手机、邮箱等表格（图 1-202），右侧出现输入框和动画的编辑界面，可以更改标题的文字，选择文字颜色、边框颜色、文字框底色（图 1-203）。在下方高级样式中可以调整表单的边框线条、尺寸、圆角、透明

图 1-197　图片循环效果

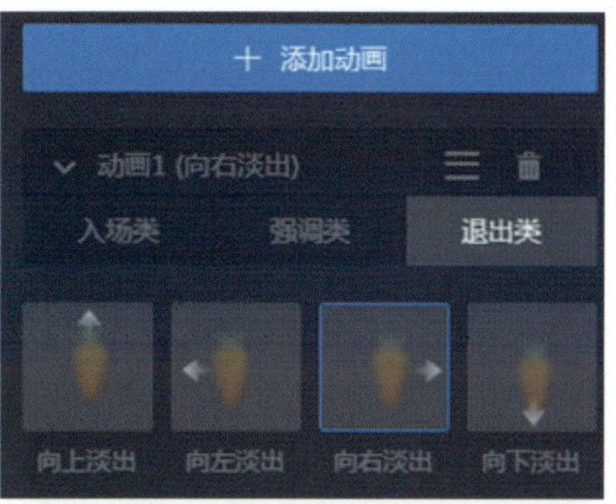

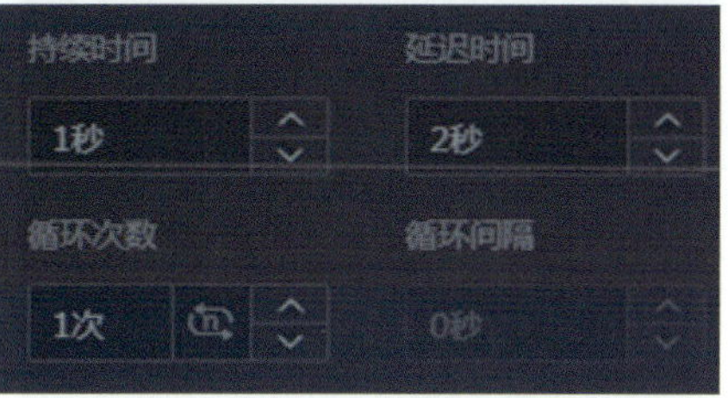

图 1-198　循环效果设置

图 1-199　导入互动工作栏

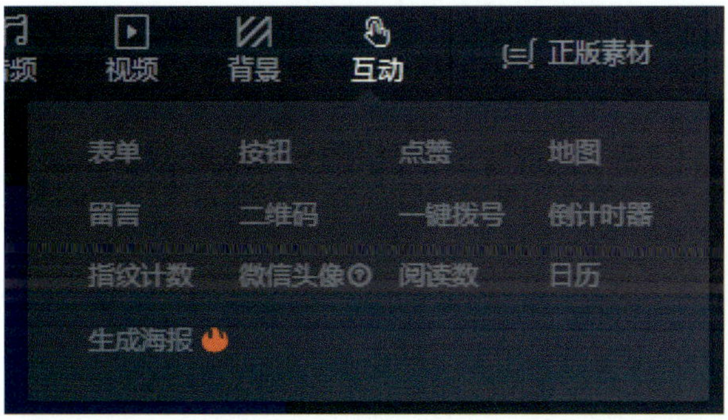

图 1-200　互动→表单

图 1-201　表单设置界面

度、旋转、大小、位置等（图 1-204）。当界面有评分功能需要时，单击评分选项进行评分表单的设计（图 1-205），可在编辑区的右侧进行填写标题、编辑图标形状（如心形、五星形、点赞形等）、颜色选择等编辑（图 1-206）。生成输入框、多项选择和单项选择、下拉菜单、两级下拉菜单等，都与生成表单的操作方式相同。

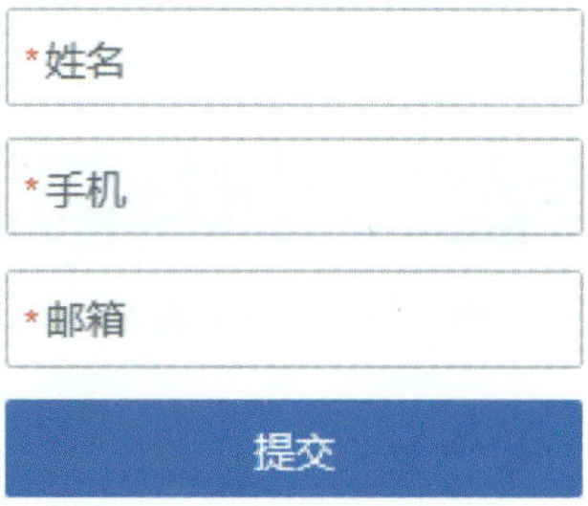

图 1-202　可填写信息表单

设计完表单内容还需要编辑提交交互按钮。单击左

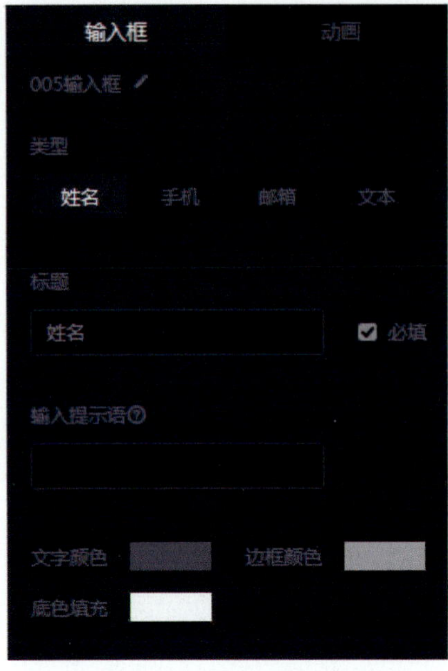

图 1-203 表单编辑界面

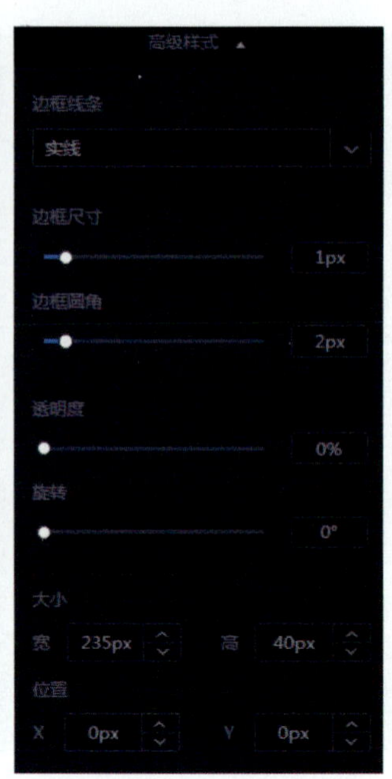

图 1-204 高级样式

图 1-205 评分表单

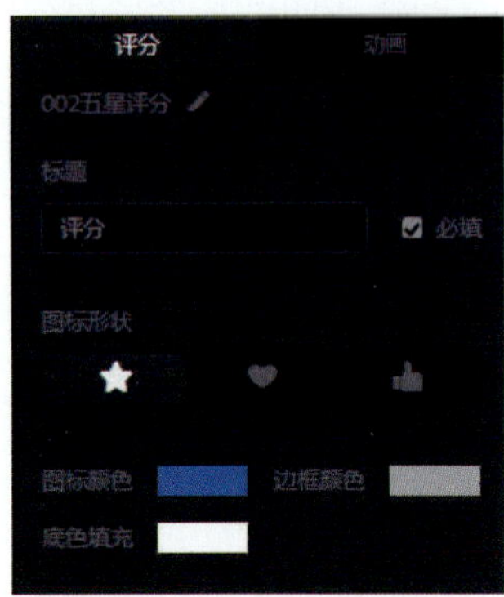

图 1-206 评分表单编辑

图 1-207 表单提交

侧的按钮元素（图 1-207），出现提交按钮的设计操作区（图 1-208），可更改按钮的名称；提交范围可以选择所有页面、当前页，提交成功后可以设置弹窗提示、跳转链接、跳转页面；设置弹出如“谢谢参与、提交成功”等提示语；更改文字颜色、边框颜色、底色填充颜色等（图 1-209）。

（3）元素编辑调整。在编辑区右侧下方还有几个功能按钮，分别是预览动画、标尺、参考线、网格、图层管理器、导入 PSD（图 1-210）。运用标尺、参考线、网格方便用户在编辑区中辅助编辑（图 1-211）。运用图层管理器可以管理图层顺序（图 1-212）、锁定该图片的顺序及对图片进行增减管理，还可以拖动调节页面高度。

3）预览与发布

设计好界面后，单击整个界面右上角的“预览与设置”自动保存。这时弹出预览界面对话框（图 1-213），根据手机的类型选择常规屏或全面屏进行预览，右侧为品牌信息设置，可根据文字提示进行适当编辑。

完成对话框后就会出现预览的效果。单击预览效果右下方的编辑按钮，可返回编辑状态（图 1-214），单击数据按钮，可查看阅

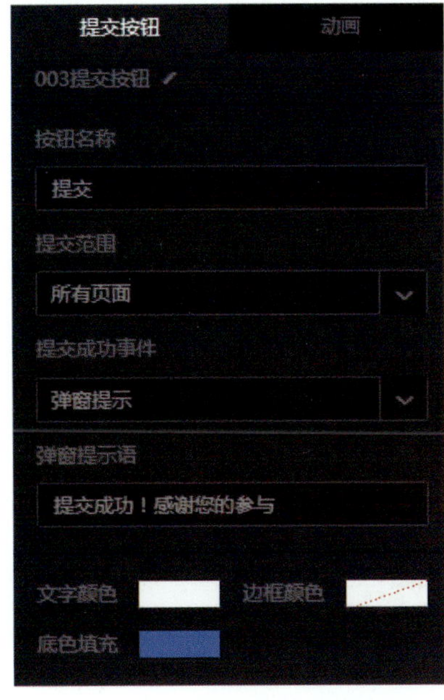

图 1-208　提交按钮的操作区

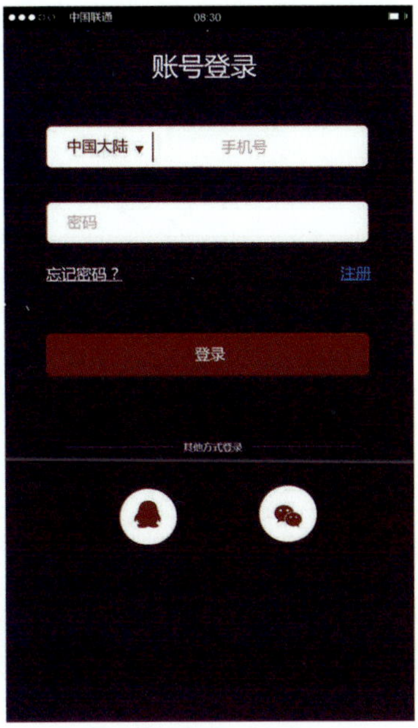

图 1-209　表单效果

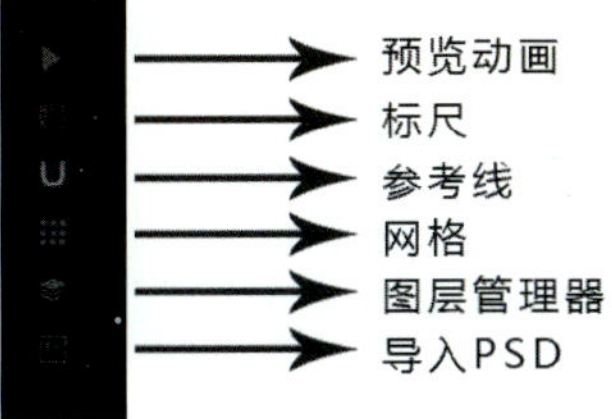

图 1-210　元素编辑区

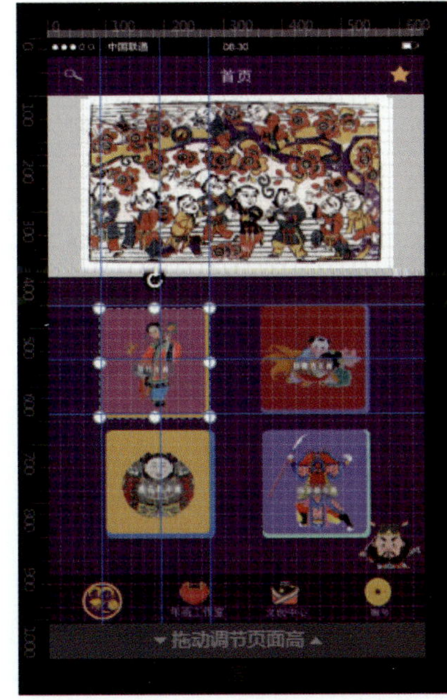

图 1-211　元素编辑

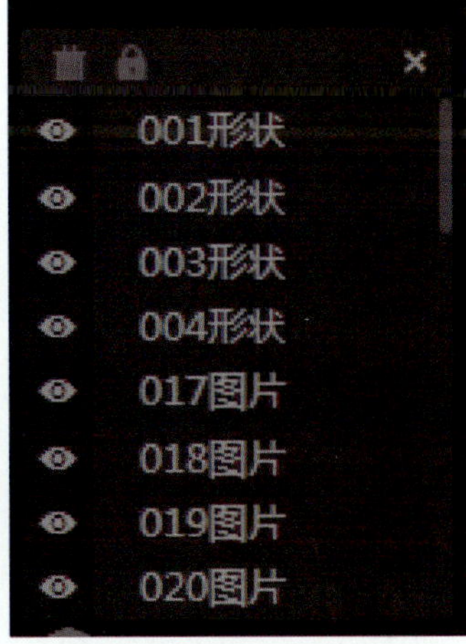

图 1-212　图层顺序列表

图 1-213　预览界面对话框

图 1-214　预览界面

读数据（图 1-215），单击上下翻页按钮，可进行翻页预览，也可以将鼠标移动到预览界面，用鼠标的滑动来进行翻页。

图 1-215　预览数据

预览效果达到理想状态后，则可单击右边上方“传播分享”进行作品发布。传播方式有三种：第一种是微信分享（图 1-216）；第二种是单击小程序预览按钮生成的二维码（图 1-217），即中国年画数字媒体库 UI 设计二维码；第三种是复制域名（图 1-218），单击域名进行预览。发布前可以为作品贴上标签，如中国年画数字媒体库 UI 设计项目可添加设计、创意礼物、旅游人文等标签（图 1-219）。

图 1-216　微信分享

图 1-217　二维码分享

图 1-218　复制域名分享

图 1-219　内容标签设置

UI 项目二 简历型个人网页 UI 设计

项 目 导 学

<table>
<tr><td colspan="2">项目概述</td><td>本项目通过简历型个人网页 UI 设计，熟悉 UI 设计的规范与流程，并掌握 UI 设计的美化方法</td></tr>
<tr><td rowspan="3">学习目标</td><td>知识目标</td><td>掌握 UI 设计美化方法</td></tr>
<tr><td>技能目标</td><td>具备 UI 设计美化能力</td></tr>
<tr><td>课程思政目标</td><td>基本目标：培养敬业精神、精益求精的工匠精神、社会责任感、诚实守信的职业道德、抗挫折能力、服务意识、团队精神、严谨的学习态度
较高目标：培养艺术审美修养
更高目标：培养创新精神</td></tr>
<tr><td colspan="2">重点、难点</td><td>重点：简历型个人网页 UI 设计流程
难点：简历型个人网页 UI 设计美感表现</td></tr>
<tr><td colspan="2" rowspan="4">学习内容</td><td>任务一　简历型个人网页 UI 设计需求分析
【学习内容】项目设计客户分析、项目设计背景分析、项目设计主体分析、项目设计内容分析、项目目标用户分析、项目设计目标分析</td></tr>
<tr><td>任务二　简历型个人网页 UI 设计内容策划
1. 风格策划
【学习内容】寻找项目整体风格、确定项目色彩风格、确定项目配图风格、确定项目字体风格、确定项目版式风格、确定项目文案风格
2. 信息架构策划
【学习内容】用思维导图软件搭建项目信息架构图
3. 交互框架策划
【学习内容】简历型个人网页交互框架策划</td></tr>
<tr><td>任务三　简历型个人网页 UI 视觉设计
1. 配色美化
【学习内容】合理运用主色、搭配辅助颜色
2. 配字美化
【学习内容】文字大小层级、颜色层级、加粗层级
3. 配图美化
【学习内容】背景图设计与选用、配图设计与选用</td></tr>
<tr><td>任务四　简历型个人网页 UI 输出与展示</td></tr>
<tr><td colspan="2">教学方法</td><td>讲授法　讨论法　案例演示法　项目教学法　任务驱动法　引导文法　情景模拟法</td></tr>
<tr><td colspan="2">教学资源</td><td>教学设施设备：计算机、手机、触屏设备
教案：规范教案
网络资源：“UI 中国”“人人都是产品经理”“站酷网”“花瓣网”“百度脑图”等
案例或项目：引用具有针对性的实际案例</td></tr>
</table>

个人网页的类别包含以下几种：

- 简历型个人网页——优化传统简历，更好地呈现自己的作品和技能，以便于找到更好的工作。
- 作品展示型个人网页——类似于 Dribbble 和 Behance 等平台，设计师展示个人作品，个人网页主动性和功能性更强、更丰富。
- Blog 风格个人网页——设计师分享自己的设计理念和想法，交换信息，吸引用户关注。
- 个人品牌推广型个人网页——认识和了解设计师的最佳门户。
- Online shop 型的个人网页——此类个人网页主要用于商业用途。
- 其他类个人网页。

其中实用性最强的为简历型个人网页，通常简历型个人网页还可具有多种用途，如展示自己的作品。下面以简历型个人网页 UI 设计为例介绍其操作过程。

任务一　简历型个人网页 UI 设计需求分析

简历型个人网页 UI 设计一般从项目设计客户、项目设计背景、项目设计主体、项目设计内容、项目目标用户、项目设计目标六个方面内容进行。

简历型个人网页
UI 设计需求分析

1. 项目设计客户分析

本项目的主要客户群体为大学毕业生或有求职需求的个体。

2. 项目设计背景分析

作为在校大学生，都要面临毕业找工作这个现实问题，要想得到一个满意的工作岗位，制作一份专为自己量身打造的、精美的个人简历是最重要的敲门砖。个人简历是求职者给招聘单位递交的一份个人相关信息的简要介绍。随着互联网的高速发展，通过网络递交个人求职简历已经成为一种广泛、快捷、高效的求职途径。

3. 项目设计主体分析

简历型个人网页。

4. 项目设计内容分析

通常简历型个人网页正文包括以下四部分。

（1）个人基本情况：求职者姓名、性别、年龄、籍贯、政治面貌、毕业学校、系别及专业、婚姻状况、健康状况、身高、爱好与兴趣、家庭住址、电话号码等。

（2）学历情况：学习经历及起始时间、学历情况，可以列出所学主要课程及学习成绩，在校期间担任的职务，所获得的各种奖励和荣誉。

（3）工作经历：若有工作经验，最好详细列明。首先列出最近的资料，后详述曾工作单位、日期、职位、工作性质。在校大学生可以加入自己的社会实践、定岗实习情况。

（4）求职意向：即求职目标或个人期望的工作职位，表明通过求职希望得到什么样的工种、职位，以及今后的职业发展方向，还可以和个人特长等结合。

5. 项目目标用户分析

简历型个人网页 UI 设计的主要用户为招聘单位。招聘单位人事部门招聘人员的过程中会阅览无数简历，所以，一份内容简洁、语言逻辑性强、版式美观的简历就显得尤为重要。

6. 项目设计目标分析

一份优质的简历型个人网页对于获得面试机会和职业岗位至关重要，它可以更好地呈现作品、展示能力，让别人全面了解自己，以此找到合适的工作。其特点是：美观；有重点，个人简历重在“简”；表达准确，制作规范；扬长避短地推销自己，应把简历作为一份广告，最成功的广告则是既简短又富有感召力，并且能够多次重复重要的信息。

任务二　简历型个人网页 UI 设计内容策划

简历型个人网页 UI 设计策划任务分为风格策划、信息架构策划和交互框架策划三个方面。

简历型个人网页 UI 设计内容策划·风格策划

1. 风格策划

简历型个人网页 UI 设计一定要有自己固定的设计风格，而确立设计风格也是 UI 设计的开始。值得注意的是，所有网页 UI 风格都需要保持一致性和必要的个性化，像 Office 软件风格一样，要有统一的字体、字号、色调、提示用词，窗口在统一位置，按钮也在窗口的相同位置。这样做的目的是减少用户记忆量和降低出错的概率，并迅速积累操作经验，同时保持设计的个性化，可以避免视觉乏味。

1）寻找项目整体风格

简历型个人网页 UI 设计必须有自身独特的气质，如柔美灵巧、阳刚有力、热情奔放、冷酷神秘、简约自然、有趣可爱、优雅高贵、高科技高品质、现代时尚、前卫新奇及复古经典等。

2）确定项目色彩风格

色彩具有一定的情感性，不同色彩的简历型个人网页，能使招聘单位对应聘者产生不同的好感定位，引起情感共鸣。

3）确定项目配图风格

简历型个人网页 UI 设计的配图风格犹如每个人的衣着风格，能烘托应聘者的应聘主题，直观且具有一定影响力。

4）确定项目字体风格

见字如见面，恰当地运用字体，可以使简历型个人网页风格定位更鲜明，内容表达更准确。

5）确定项目版式风格

简历型个人网页界面的排版设计犹如每个人的整体视觉形象，可以传达个体的个性气质，对个人形象有着重要的影响。

6）确定项目文案风格

文案风格如个人的说话风格，精彩有趣的文案也会使简历型个人网页的气质更加有趣。

2. 信息架构策划

简历型个人网页的设计需要结合个人简历的需求来搭建界面架构，可采用思维导图工具，厘清设计思路，如图 2-1 所示。

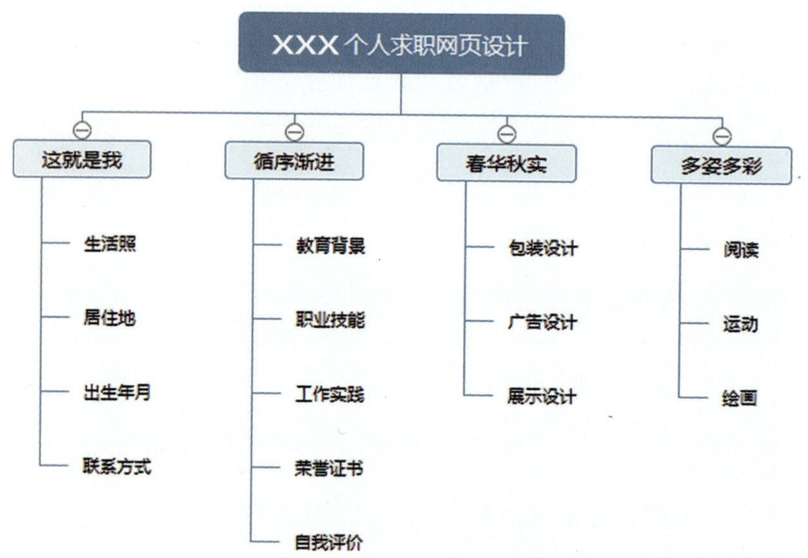

图 2-1 简历型个人网页信息架构图

简历型个人网页 UI 设计内容策划 · 信息架构策划

简历型个人网页 UI 设计内容策划 · 交互框架策划

3. 交互框架策划

简历型个人网页框架策划和项目一任务二中的“交互框架策划”方法相同。首先画出草图，然后根据草图在 Axure RP 9 中制作框架（图 2-2）。

需要注意的是：

（1）应确保用户界面的功能性与使用性。让用户明白功能操作，并将产品本身的信息顺畅地传递给使用者，这是功能界面存在的基础与价值，设计者不能片面追求界面外观漂亮而导致华而不实。

（2）应确保用户界面的连续性。一个连续的界面能让用户使用更加便捷。在排列和版面布局上要有序，可以水平排列、垂直排列。

（3）应确保用户界面能安全退出。

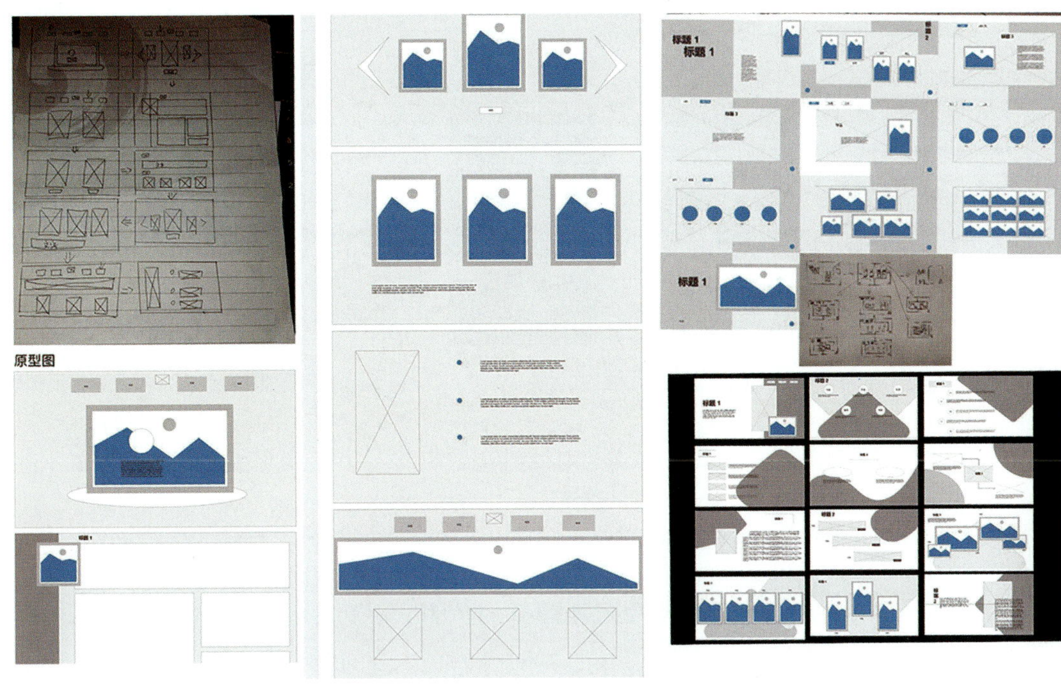

图 2-2　简历型个人网页交互框架

任务三　简历型个人网页 UI 视觉设计

简历型个人网页 UI 视觉设计包括配色美化、配字美化、配图美化等三个方面内容。

简历型个人网页 UI 视觉设计·配色美化

1. 配色美化

简历型个人网页的界面搭配可以充分运用不同颜色的不同特性，来突显个体不同的个性。

1）合理运用主色

合理地运用主色是 UI 设计中较为便捷地营造个性氛围的方法。

白色象征纯洁、神圣、善良、信任与开放，但以白色为主色的网页（图 2-3）面积太大，会给人疏离、梦幻的感觉，而且白色在东方也意味着死亡，所以在某些场合要慎用。白色主色的运用通常能体现出简历型个人网页 UI 设计的文艺气质，配合大量的留白，给人以高雅的感觉。

图 2-3 白色主色简历型个人网页

蓝色是灵性和知性兼具的色彩，在色彩心理学的测试中，发现几乎没有人对蓝色反感。明亮的蓝，象征希望、理想和独立；暗沉的蓝，意味着诚实、信赖和权威。正蓝、宝蓝在热情中带着坚定与智能；淡蓝、粉蓝可以让视觉感官带动身心放松。因此无论是在简历型个人网页 UI 设计中，还是其他 UI 设计中，蓝色是应用范围最广的颜色（图 2-4）。

图 2-4 蓝色主色简历型个人网页

红色象征热情、性感、权威和自信，是一种能量充沛的色彩，但过度使用也会给人血腥、暴力的印象，容易造成心理压力。因此在需要表现热烈个性的简历型个人网页 UI 设计时，可以考虑使用红色为主色（图 2-5），否则应谨慎使用。

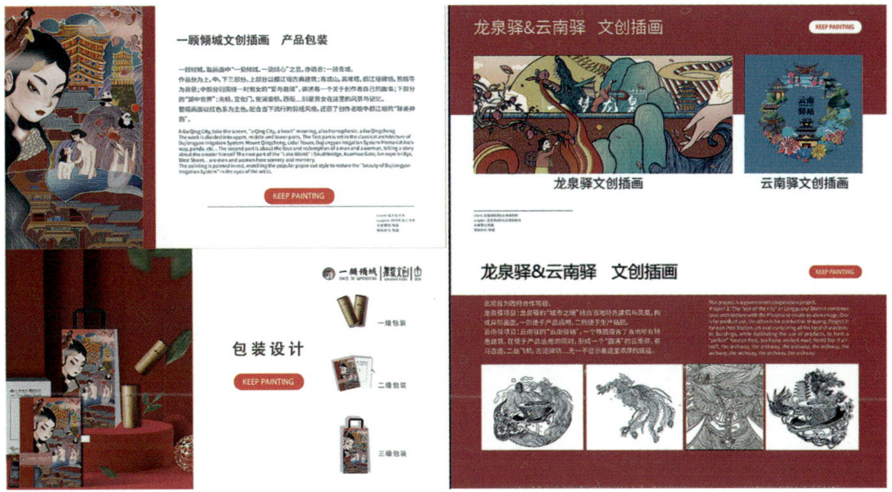

图 2-5　红色主色简历型个人网页

橙色给人亲切、坦率、开朗和健康的感觉，有阳光一般的热情。橙色的快乐和活力可以很好地表达激情和参与的理念。例如“芬达”的广告，充满了健康阳光且具有活力。橙色经常运用于从事社会服务工作等专业类的 UI 设计中（图 2-6），以及电商类 UI 设计，它能激发起人们购物的欲望。在简历型个人网页 UI 设计中能体现亲切活力的个人气质。

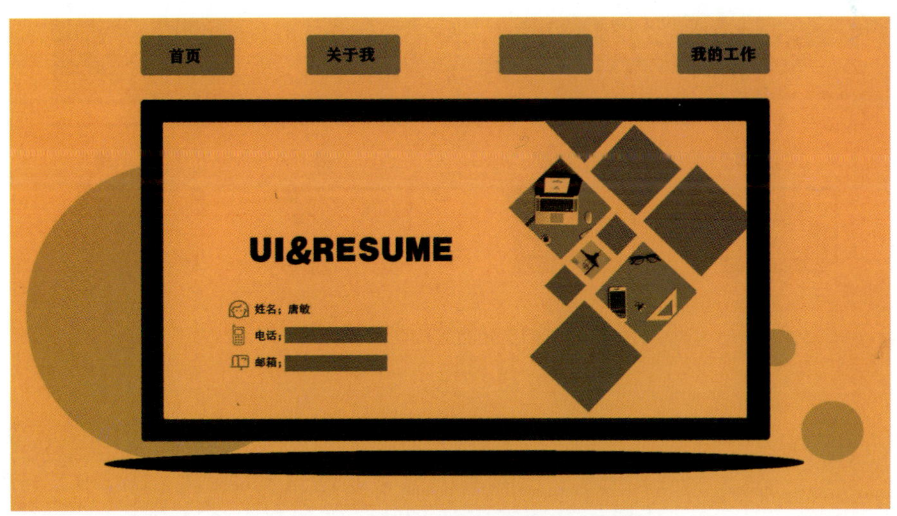

图 2-6　橙色主色简历型个人网页

黄色是明度极高的颜色，其明亮和愉快的特质能向潜在用户传递温暖和乐观的感觉，同时能刺激大脑中与焦虑有关的区域，具有

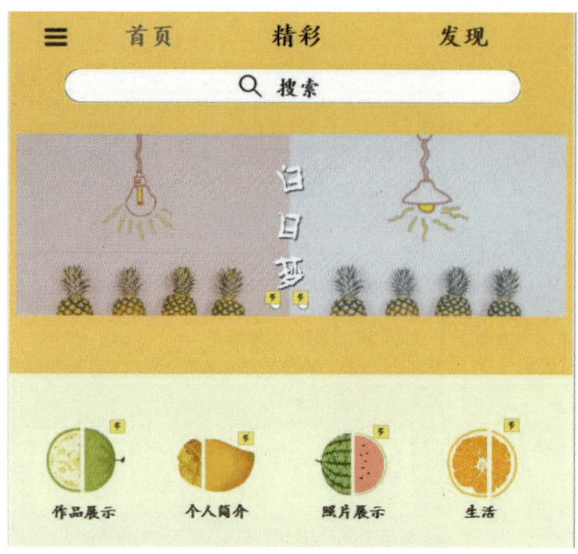

图 2-7　黄色主色简历型个人网页

警告的效果。艳黄色象征信心、聪明和希望；淡黄色突显天真、浪漫和娇嫩。黄色是一种比较难以驾驭的颜色，搭配不当会显得界面很脏。在简历型个人网页 UI 设计中黄色运用得较少，但运用恰当会烘托出个体独特的乐观气质（图 2-7）。

绿色给人安全的感觉，象征自由和平、新鲜舒适。黄绿色给人清新、有活力、快乐的感受；明度较低的草绿、墨绿和橄榄绿则给人沉稳、知性的印象。以绿色为主色的简历型个人网页 UI 设计（图 2-8）给人以平和、清新的气质。绿色也经常运用在安全杀毒类、环保、健康类网页的 UI 设计中。

图 2-8　绿色主色简历型个人网页

粉红象征温柔、甜美、浪漫，可以软化攻击、安抚浮躁，以粉红色为主色的简历型个人网页 UI 设计（图 2-9）一般为女性客户。比粉红色要深点的桃红色则象征女性化的热情，以桃红色为主色的简历型个人网页 UI 设计可烘托洒脱大方、有魅力的女性气质。但由于这种色系也有轻佻的感觉，所以应避免使用在表现权威与专业的界面上。

图 2-9　粉红色主色简历型个人网页

紫色是优雅、浪漫，具有哲学家气质的颜色。紫色的光波最短，在自然界中较少见到，所以被引申为象征高贵的色彩。深紫色带有高贵、神秘、高不可攀的感觉，而艳紫色则给人魅力十足，有点狂野又难以预测的华丽浪漫感。在西方国家，紫色被认为是一种神秘颜色，与巫术占卜有关。紫色不是界面经常使用的颜色。但如果使用得当，紫色在简历型个人网页 UI 设计中会显得非常惊艳（图 2-10）。

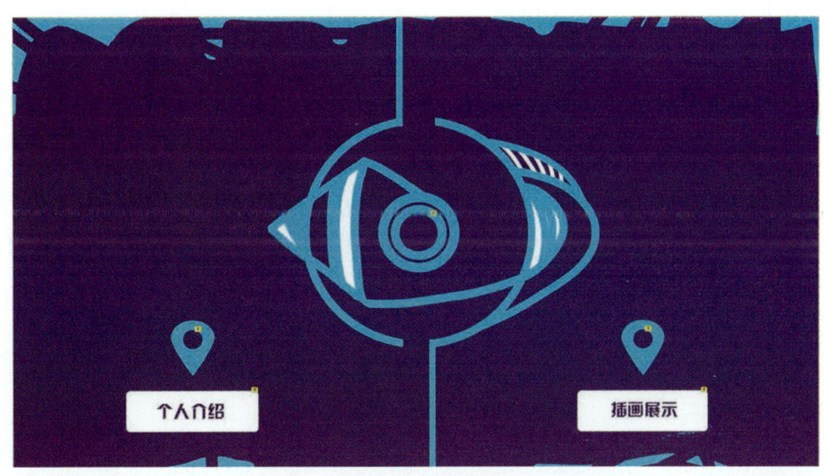

图 2-10　紫色主色简历型个人网页

褐色、棕色、咖啡色系，典雅中蕴含安定、沉静、平和和亲切，给人情绪稳定、容易相处的感觉，但搭配不好会让人感到沉闷、单调、老气，缺乏活力。这个色系在简历型个人网页 UI 设计中能表现友善、亲切的个人气质（图 2-11）。

图 2-11 咖啡色系主色简历型个人网页

黑色象征权威、高雅、低调和创意，也包含执着、冷漠和防御的意味。当简历型个人网页需要表现专业极度权威时，可选用黑色作为 UI 设计主色（图 2-12）。黑色也意味着高端、优雅，所以奢侈品电商 UI 设计也可以选用黑色。当然，黑色也会被解读为死亡、病态、邪恶等，所以应尽量避免将黑色用于与健康医疗相关的 UI 设计中。

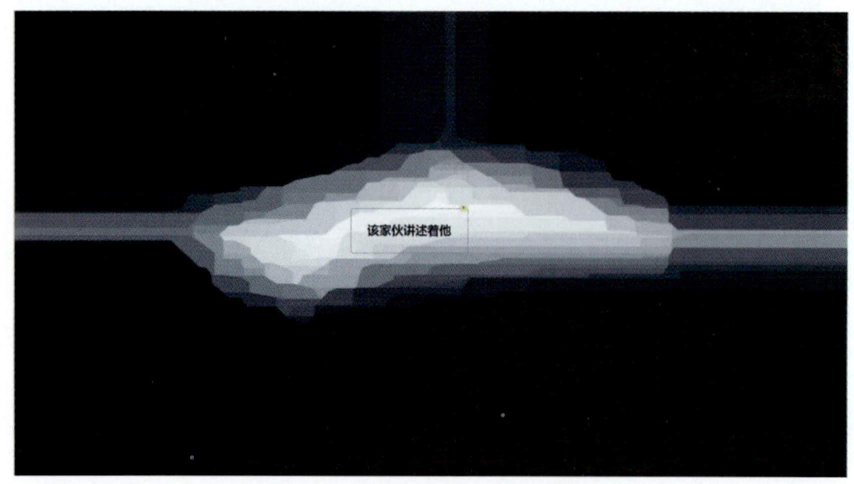

图 2-12 黑色主色简历型个人网页

灰色象征诚恳、沉稳和考究。其中的铁灰、炭灰、暗灰，在无形中散发出智能、成功及强烈权威等信息；中灰与淡灰色则带有哲学家的沉静，特别受金融业人士喜爱。当简历型个人网页 UI 设计需要体现智能、成功、权威、诚恳、认真和沉稳等气质时，可以使用灰色为主色（图 2-13）。

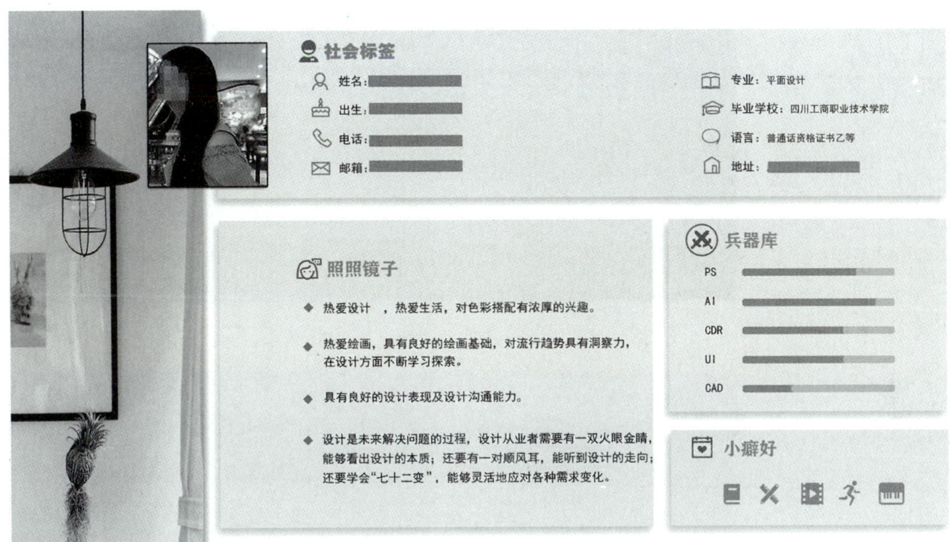

图 2-13　灰色主色简历型个人网页

在简历型个人网页 UI 设计主色选择上还可以运用水绿、墨灰、海棠红这类优美的中国色彩。这些中国色彩用词唯美，让抽象化的颜色有了画面感，更能让人产生直观的联想，就像李白的诗句：“素色愁明湖，秋渚晦寒姿”，既明确地表述了色相，又体现出了我国传统的文化底蕴和艺术魅力。

2）搭配辅助颜色

温和的金色与黑色调可形成鲜明的对比，让简历型个人网页 UI 设计简单而不失优雅（图 2-14）。灰色背景加入充满活力的明亮色，整个配色跳跃又不失和谐，使个人网页 UI 设计显得趣味、活泼（图 2-15）。在“优设”“站酷”“68design”等设计网站上有很多颜色可作为设计配色参考，这里不再赘述。

2. 配字美化

UI 设计中的配字除了掌握界面文字设计规则外，还应该掌握界面的文字美化，即层级关系的设计（图 2-16）。简历型个人网页 UI 设计与所有的 UI 设计一样，文字层级展示是非常重要的一个环节。

简历型个人
网页 UI 视觉
设计·配色美化

图 2-14 金色、黑色搭配简历型个人网页

图 2-15 彩色、灰色搭配简历型个人网页

图 2-16 学生简历型个人网页

其主流的层级方式包括大小、色彩、加粗。PC 端界面与移动端界面文字层级的关系设计规律是一样的。

1）文字大小层级

通常 PC 端使用的文字根据不同的信息需求确定其字号，重要信息文字字号要放大，次要信息文字需缩小，PC 端字号使用没有特殊、具体的字号要求（图 2-17）。Android 移动端，通常使用的文字字号有 12SP（用于提示或较弱的层级展示）、14SP（用于展示型文字或辅助型文字）、16SP（用于展示型文字或小标题）、18SP（用于导航文字或标题）（图 2-18）。

注：SP 为 Android 系统中的字号单位，1SP＝2PX。

2）颜色层级

用颜色区分文字层级是 UI 设计中最常用的一种方式，它不仅能体现层级的主次，还能代表单击功能（图 2-19）。当颜色相同的时候，用户很难一眼看出重点（图 2-20）。另外在界面设计中，通常采用不同的颜色来区分可单击字体且基本用蓝色代表。

3）加粗层级

文字加粗是区分层级的另外一种方式，常用于标题。加粗不仅

图 2-17　PC 端不同层级配字

图 2-18 移动端不同层级配字

图 2-19 单击功能配字

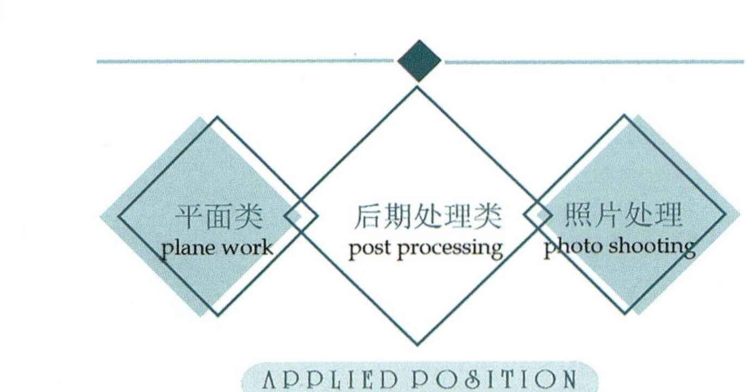

图 2-20 颜色层级配字

能区分上下文层级，还能分区块，让用户快速定位到自己需要的界面（图 2-21）。

图 2-21　加粗层级配字

3. 配图美化

简历型个人网页 UI 视觉设计·配图美化

一张好看的图片可以瞬间吸引人们的视觉点和注意力，甚至产生共鸣。因此创建一个有吸引力的简历型个人网页，图片的美观度在很大程度上会影响人们对个人的第一印象，而且图片也可以非常直观地表达出个人的气质。以下配图方法可以提高个人网页 UI 设计的美感。

1）背景图设计与选用

一张清晰漂亮的背景图片能给简历型个人网页加分不少。简历型个人网页 UI 设计常用的背景图类型包括个人摄影照片、静物摄影、风景摄影、几何抽象、插画等（图 2-22）。图片需要全屏显示，宽度尺寸严格设计为 1920PX。值得注意的是，图片内容的有效范围不能超过网页内容的有效范围，应控制在 1200PX 以内，以免遇到小屏设备时因显示不全而造成信息遗漏。

图 2-22 简历型个人网页背景图

2）配图设计与选用

简历型个人网页 UI 设计配图（图 2-23）需要考虑以下几个方面。

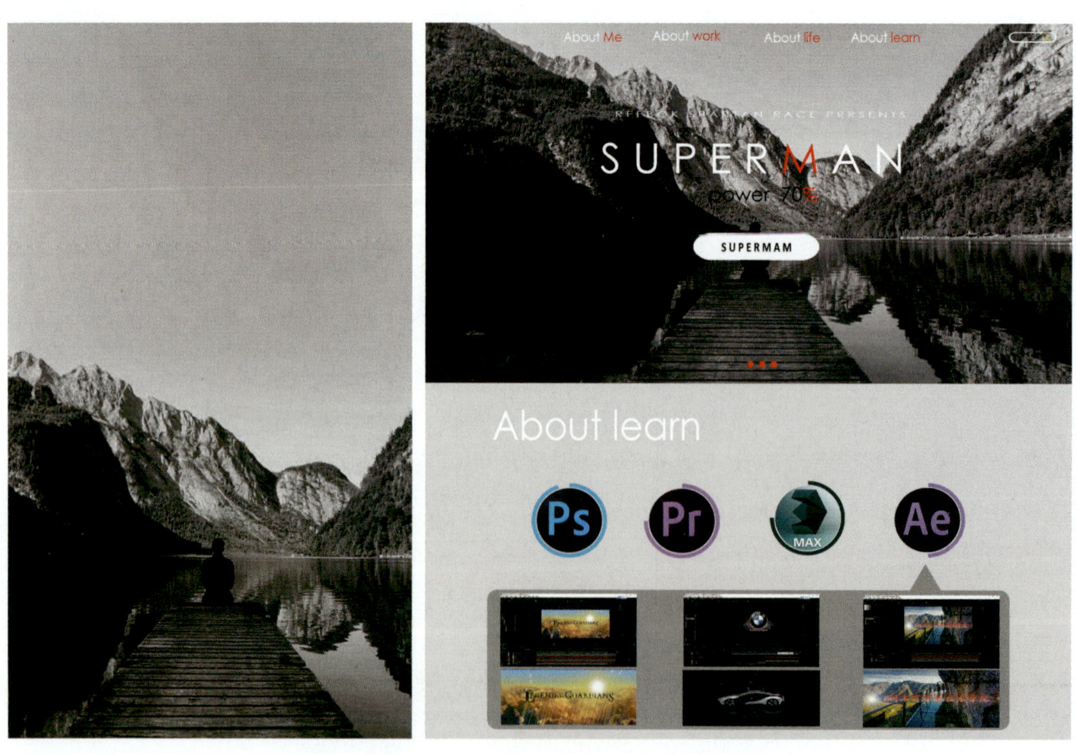

图 2-23 学生简历型个人网页 UI 设计配图

（1）图片与内容的关联度。图片的主旨一定是为了诠释页面内容，没有关联的图片即使再美观也是没有用的。

（2）整体图片风格需统一。在配图的选择上要保持和页面的基调统一，如果图片风格不一致，需通过图像软件进行一定的处理。

（3）图片的色调要与页面整体色调保持协调，需参照配色方案进行调整。

任务四　简历型个人网页 UI 输出与展示

简历型个人网页 UI 输出包括标注与切图两个方面，详细方法参考项目一任务四中的“规范标注”与“规范切图”，这里不重复讲解。简历型个人网页 UI 展示方案如图 2-24、图 2-25 所示，其交互展示方法与项目一任务四中的“Axure RP 9 展示”方法相同，这里也不重复讲解。

简历型个人网页
UI 输出与展示

图 2-24　学生简历型个人网页 UI 设计方案展示 1

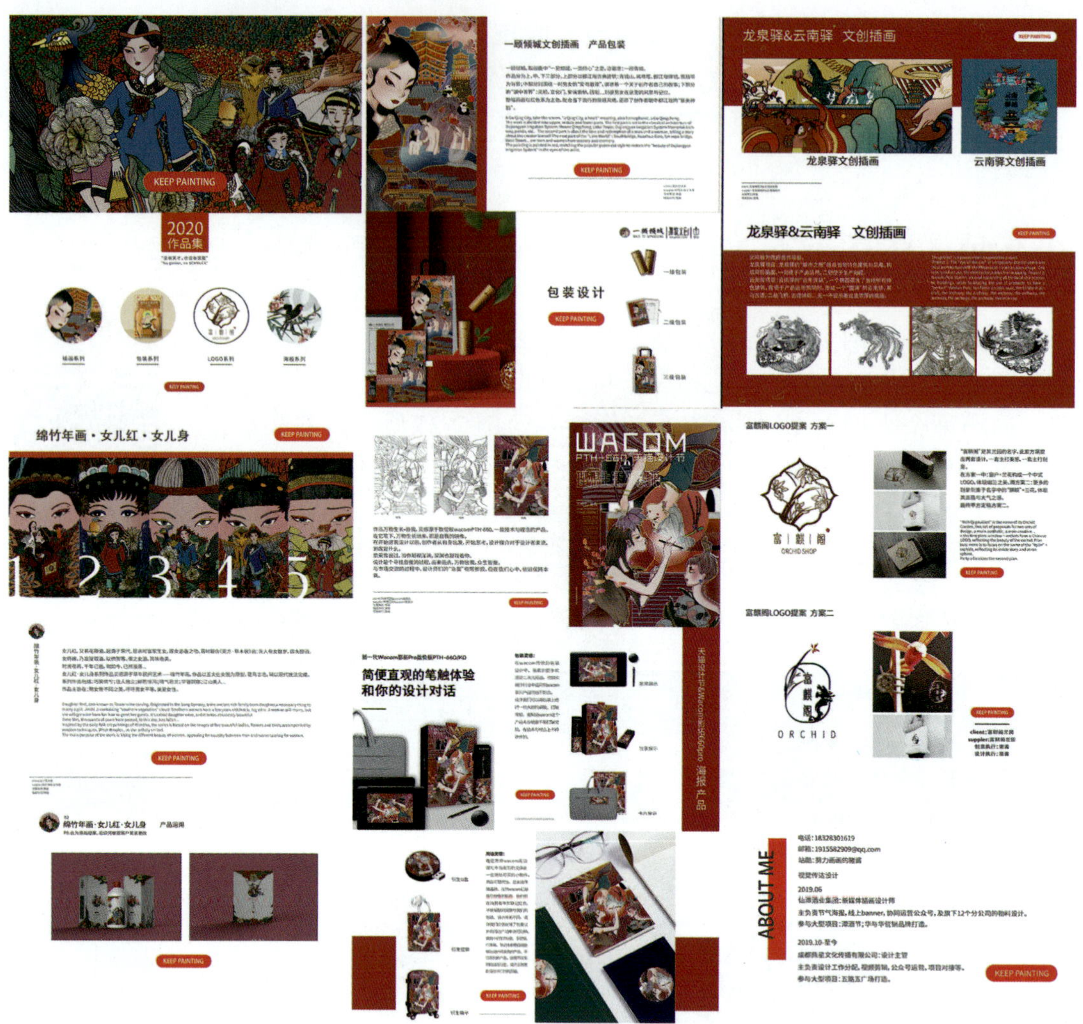

图 2-25 学生简历型个人网页 UI 设计方案展示 2

项目三 “赵二火锅”品牌UI设计

项 目 导 学

<table>
<tr><td colspan="2">项目概述</td><td>本项目为餐饮类商业项目UI设计，重点强化品牌下的创意UI设计</td></tr>
<tr><td rowspan="3">学习目标</td><td>知识目标</td><td>掌握UI设计品牌创意方法</td></tr>
<tr><td>技能目标</td><td>具备UI设计品牌创意能力</td></tr>
<tr><td>课程思政目标</td><td>基本目标：培养敬业精神、工匠精神、社会责任感、诚实守信的职业道德、抗挫折能力、服务意识、团队精神、严谨的学习态度
较高目标：艺术审美修养
更高目标：品牌创新精神</td></tr>
<tr><td colspan="2">重点、难点</td><td>重点：UI设计规范与流程
难点：UI设计逻辑结构与品牌创意表现</td></tr>
<tr><td colspan="2" rowspan="4">学习内容</td><td>任务一 “赵二火锅”品牌UI设计需求分析
【学习内容】项目设计客户分析、项目设计背景分析、项目设计主体分析、项目设计内容分析、项目目标用户分析、项目设计目标分析</td></tr>
<tr><td>任务二 “赵二火锅”品牌UI设计内容策划
1. 风格策划
【学习内容】品牌风格策划、主色策划、图标与插图策划、字体策划、版式策划、文案策划
2. 信息架构策划
【学习内容】用思维导图软件搭建“赵二火锅”品牌UI信息架构图
3. 交互框架策划
【学习内容】“赵二火锅”移动应用UI交互框架策划</td></tr>
<tr><td>任务三 “赵二火锅”品牌UI视觉设计
1. 配色创意
【学习内容】运用色环、运用三色搭配原则、运用HSB色彩模式
2. 配字创意
【学习内容】项目字体设计
3. 配图创意
【学习内容】主页图标设计、广告图片创意设计</td></tr>
<tr><td>任务四 “赵二火锅”品牌UI输出与展示</td></tr>
<tr><td colspan="2">教学方法</td><td>讲授法　讨论法　案例演示法　项目教学法　任务驱动法　引导文法　情景模拟法</td></tr>
<tr><td colspan="2">教学资源</td><td>教学设施设备：计算机、手机、触屏设备
教案：规范教案
网络资源：“UI中国”“人人都是产品经理”“站酷网”“花瓣网”“百度脑图”等
案例或项目：引用具有针对性的实际案例</td></tr>
</table>

“赵二火锅”品牌 UI 设计需求分析

任务一 “赵二火锅”品牌 UI 设计需求分析

1. 项目设计客户分析

“赵二火锅”是 20 世纪 90 年代初创立的重庆火锅品牌。其从店铺开张时的两张桌子，通过不断完善管理体系、技术体系、运营体系、质量体系，努力发展特许经营事业，现已发展为在川渝两地较有名气的餐饮企业。在当今火锅店快速扩张的市场环境下，“衙门赵二”“赵儿”“赵二老火锅”等火锅店的出现，导致消费者对“赵二火锅”的品牌产生混淆，为避免此类问题发生，“赵二火锅”企业需要强化其品牌的 UI 设计。

2. 项目设计背景分析

目前越来越多的餐饮行业意识到 UI 设计的重要性，就当下已经进行互联网宣传运营的餐饮业而言，在整体品牌设计思路下进行 UI 设计的餐饮企业更能得到消费者的认可，如“烤匠”“蜀大侠”等餐饮品牌。其 UI 设计优势主要体现在：品牌设计风格独特，视觉品牌形象有创意，线上线下风格统一，让人印象深刻；品牌色彩表现力强；界面版式结构合理；内容呈现形式新颖，设计语言丰富。

3. 项目设计主体分析

本项目设计主体为“赵二火锅”品牌火锅店。

4. 项目设计内容分析

除了设计“赵二火锅”品牌火锅店所需的基本点菜内容要素外，本项目 UI 设计的关键内容还包括深挖其品牌故事，设计独特的图标、品牌字体、广告宣传图片。独特的图标、品牌字体可以加深消费者对品牌的印象，同时优秀的广告宣传图片通过视觉形象可以让消费者第一时间感受到商家的诚意，提升消费者的品牌体验感。

5. 项目目标用户分析

火锅消费的主要群体是年轻人，他们对移动终端的使用更为推崇。在日常生活中只需使用手机 App，便能完成各种日常消费活动。年轻人对界面美观个性化要求较高，喜欢时尚具有新鲜感的界面。

6. 项目设计目标分析

在整体品牌设计思路下进行火锅店的移动端 UI 设计，通过 UI 设计展示符合年轻人审美时尚的“赵二火锅”品牌形象，使其具有良好的用户体验感。

任务二　“赵二火锅”品牌 UI 设计内容策划

“赵二火锅”移动端 UI 设计策划分为风格策划、信息架构策划和交互框架策划三个方面的内容。

“赵二火锅”品牌 UI 设计内容策划・风格策划

1. 风格策划

风格策划和前面两个项目一样，需要寻找产品整体风格，确定主色、界面风格，选用符合产品设计气质的字体，选择合适的排版与文案。在进行“赵二火锅”UI 设计的最初阶段，为了体现出“赵二火锅”店的不同，设计者做出了多版风格策划方案（图 3-1），经过与客户反复协商沟通后确定了以深色为主色的风格策划，整体颜色选择黑色系，辅色上使用较为跳跃的颜色，如黄色、金属色等，拉开色彩跳跃度。界面整体风格及字体、版式、文案等都以现代时尚风格为主。

2. 信息架构策划

本项目通过与客户反复沟通，确定“赵二火锅”移动端的信息架构设计分为三个层次，避免让整体界面操作过于烦琐。如图 3-2 所示，主页前设置启动页与欢迎页，意在宣传品牌；一级界面主页明确了火锅店所必备的基本操作要素与“赵二火锅”品牌打造所需

图 3-1 风格策划方案

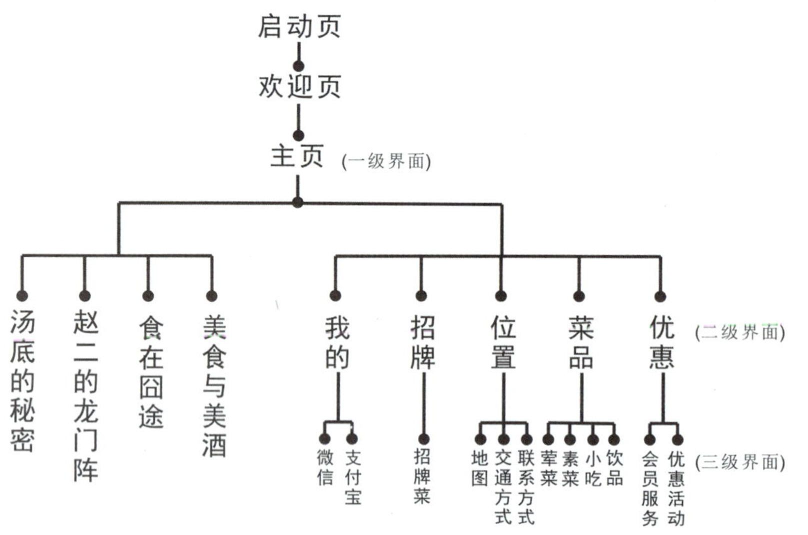

图 3-2 “赵二火锅”项目信息架构图

“赵二火锅”品牌 UI 设计内容策划 · 信息架构策划

的要素，链接二级界面：“我的、招牌、位置、菜品、优惠”与“汤底的秘密、赵二的龙门阵、食在囧途、美食与美酒”；通过二级界面的信息又延伸到三级界面：我的基本信息、招牌菜介绍、详细菜品目录（荤菜、素菜、小吃、饮品）、会员服务、优惠活动及位置界面的地图信息、公交信息、联系方式等。

3. 交互框架策划

在交互框架策划中，既要考虑用户客户目标，又要考虑用户行为需求。本项目交互框架策划主要以品牌展示和功能优化为策划内容，通过合理的界面框架布局展示，让顾客更好地了解品牌，以及得到很好的操作体验感。在本项目界面框架策划中，应确保品牌标志在所有页面中都处于同一位置；重要广告信息要始终显示在页面的顶端中间位置，或出现在屏幕上目光容易找到的地方。每个页面长度应适当，最长为 4 个整屏，滚屏不宜太多且避免水平滚屏，长界面可优先使用分页面非滚屏，也可使用可单击的“内容列表”以缩短界面。策划需要仔细阅读文字的界面时，应考虑滚屏而非分页，文本区域的周围需留有足够的间隔。各条目需合理分类于各逻辑区，并运用标题将各区域进行清晰划分。此外，还需要注意人眼视觉流的策划，让框架能够上下对齐、左右对齐，符合人眼观察规律从上到下、从左到右的轨迹。

“赵二火锅”品牌 UI 设计内容策划 · 交互框架策划

主页的交互框架策划既要有基本操作框架布局，也要有品牌宣传框架布局，应确保主页看起来有别于其他二、三级页面。主页的信息量较多，因为所有的重要选项都要在主页显示，但主页的长度不宜过长。主页尽量采用底部导航的方式，菜单数目 4～5 个最佳，不同的页面可采用不同的导航方式（图 3-3）。品牌宣传框架布局适合运用大框架结构策划，既醒目，又简洁，以加深顾客对品牌的印象。菜品栏目页则需要小框架布局策划，可采用 3×4 的网格形式，既表现出菜品的丰富，也不会使受众出现眼花缭乱的感觉（图 3-4）。

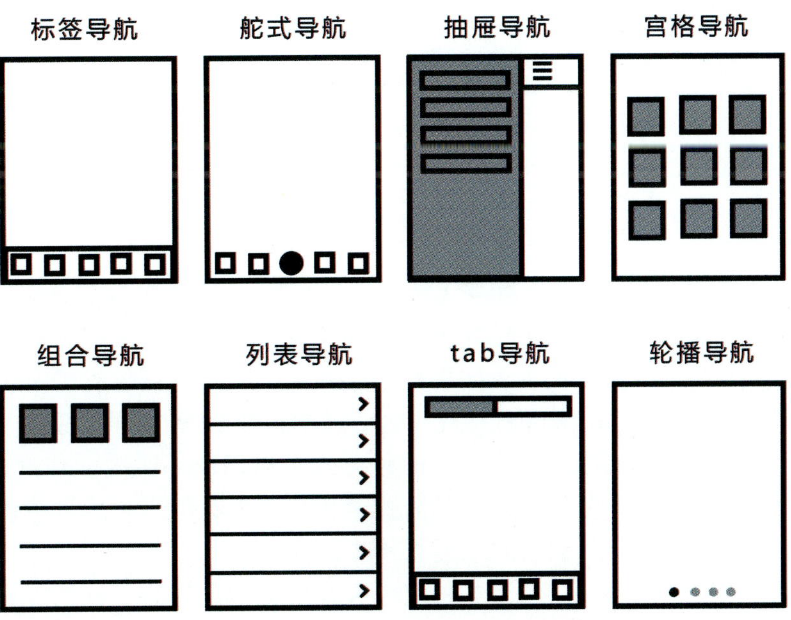

图 3-3 导航布局

界面版式分布图设计

图 3-4　大小框架布局

“赵二火锅”品牌 UI 设计视觉设计 · 配色创意

任务三　“赵二火锅”品牌 UI 视觉设计

“赵二火锅”移动端 UI 视觉设计分为配色创意、配字创意、配图创意三个内容。

1．配色创意

前期的风格策划决定了本项目在配色上应具有视觉冲击上的效果，以深色为主色，跳跃色为辅色，因此本项目配色方法可根据不同颜色的特点进行创意搭配。

1）运用色环

想要了解颜色如何搭配，最好的办法就是观察一个色环（图 3-5），通过色环可以直观发现哪些颜色搭配相互融洽，哪些颜色搭配产生视觉上的刺激。色环其实就是将彩色光谱中所见的长条形色彩序列首尾连接在一起。通常包括 12 种不同的颜色，红色连接紫色。

第一种配色方式是运用色环明度或相近色来进行搭配。例如，运用红色的阶梯变化，或者红色与相近色黄色进行搭配，其界面效果看起来更加和谐。

第二种配色方式是运用色环的互补色进行搭配。互补色，即相

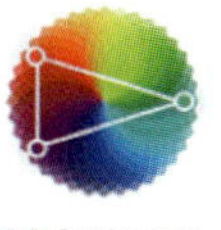

图 3-5　色环

对的颜色，红色的互补色是青色，绿色的互补色是品红（图 3-6），运用互补的色彩搭配方式，可以提高界面色彩的跳跃度，突显重点，起到强调的作用；如果界面色彩偏灰，其原因是等量互补色搭配导致的结果，因为等量互补色混合在一起便是灰色。

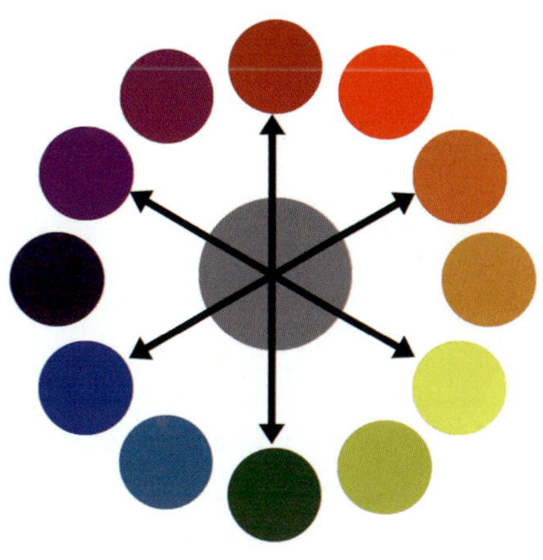

图 3-6　对比色环

2）运用三色搭配原则

界面配色原则上应不超过三种颜色，否则会产生眼花缭乱的感觉（图 3-7）。

图 3-7　三色搭配

3）运用HSB色彩模式

本项目属于操作型界面，用户视线停留在此界面时间较长，其在配色细节上需让界面简单、舒服，因此需使用轻量级的渐变颜色去协调界面中的配色细节，如在同一界面中同一系列控件颜色需要控制在同一个色系中。

在界面设计中有规律地调节一组颜色，需要运用HSB色彩模式。HSB色彩模式是通过色相、饱和度和明度三个元素来表达色彩。

图3-8 色相

色相（图3-8）是指色彩的相貌，用来区分不同的颜色，最基本的色相有红、橙、黄、绿、青、蓝、紫。饱和度（图3-9）指色彩的鲜艳程度。明度（图3-10）是指色彩的明暗程度，即深浅程度，色彩越接近黑色，明度越低；越接近白色，明度越高。通过HSB的数值可以清晰地知道这组颜色是否是同种色相，明度和饱和度是否有变化（图3-11），而通过RGB的数值则无法快速分辨以上的变化，因此运用HSB色彩模式能更加直观地调节色彩。例如，一套常用灰度色板，其色值分别为#333333、686#999999、#CCCCCC，换算成HSB值分别为H0S0B20、H0S0B40、H0S0B60、H0S0B80，这样只需记住B值在变化即可（图3-12）。因此，本项目可以运用HSB模式进行配色细节调整，根据品牌策划确定色彩配色，保持配色色相不变，即保持色相H值不变，从而有规律地调整饱和度S、明度B。

图3-9 色彩饱和度

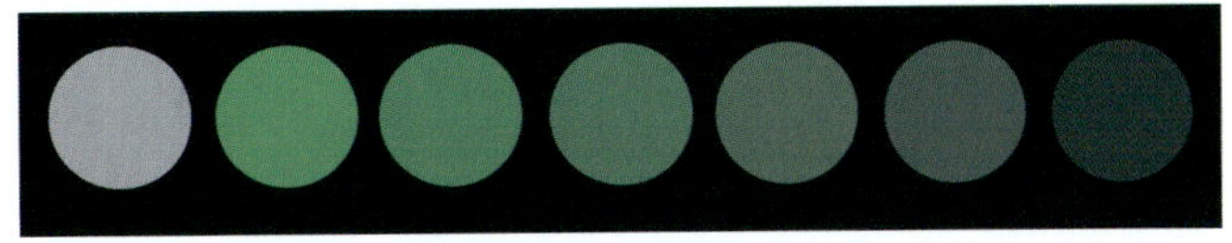

图 3-10　色彩明度

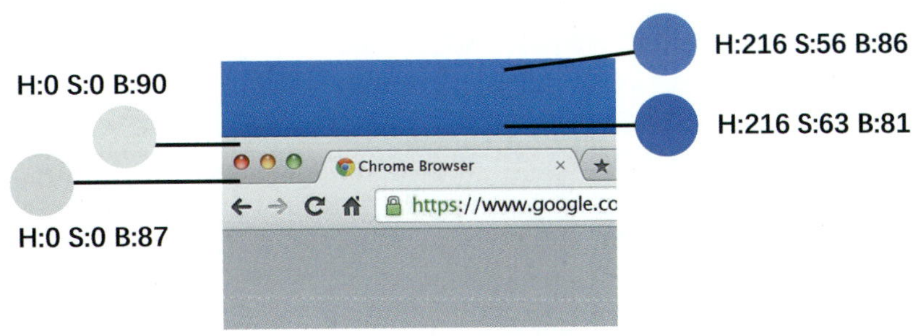

图 3-11　HSB 模式

图 3-12　B 值变化

2. 配字创意

本项目通过标题字与广告宣传语的文字设计能起到树立品牌、推广品牌的作用。配字的创意体现在字体的创意、文字的间距及色彩等方面。“一字一世界，一笔一乾坤”，汉字形美如画，音美如歌，意美如诗，简洁、生动、高效，至今仍璀璨如新。在汉字字体上做创意对于“赵二火锅”这个具有中国地域特色的餐饮品牌是最合适的选择了。本项目正文字体为了方便阅读运用了苹方字体，在标题和重点推送的文字内容上则进行了大胆设计，起到了吸引视线的作用。例如，“赵二火锅”四字运用黑体字进行卡通变形，广告标题字体则运用书法字体进行变形，这些字体浑厚稳健、庄重有力，通过变形更增加了界面的视觉冲击力（图 3-13）。

“赵二火锅”品牌
UI 设计视觉
设计・配字创意

3. 配图创意

1）主页图标设计

主页图标是本项目界面的重要组成部分，本项目品牌标志是以“赵二火锅”店老板为原型的卡通形象设计。每个主页图标的设计根据品牌图标设计而来，整体图标设计风格统一，既能直观地体现其功能，又能突出项目的品牌特性（图 3-14）。

“赵二火锅”品牌
UI 设计视觉
设计・配图创意

图 3-13 “赵二火锅”字体设计

主页图标

图 3-14 “赵二火锅”界面图标

2）广告图片创意设计

广告图片是体现项目品牌的重要元素，主要体现在启动页、欢迎页、banner 图设计上。

（1）启动页设计。为了强化品牌，本项目启动页直接用“赵二火锅”品牌图标为页面图形进行展示。

（2）欢迎页设计。界面欢迎页用于品牌宣传，需图文一致，富有创意、产生共鸣，带给人愉悦、思考。欢迎页设计方案 1 如图 3-15 所示，其用剪纸的形式将火锅与重庆建筑进行同构图形创意。欢迎页设计方案 2 如图 3-16 所示，左图运用矢量插画的形式展现火锅物料的丰富，加上直白的文案表现出重庆人耿直豪爽的性格特点，右图用菜品拟人化的游戏场面创意体现吃“赵二火锅”的食趣。欢迎页设计方案 3 如图 3-17 所示，用“赵二”的卡通形象结合重庆的生活习惯给人以亲民的感觉。

（3）动态启动页设计。动态启动页能更好地将品

图 3-15 欢迎页设计方案 1

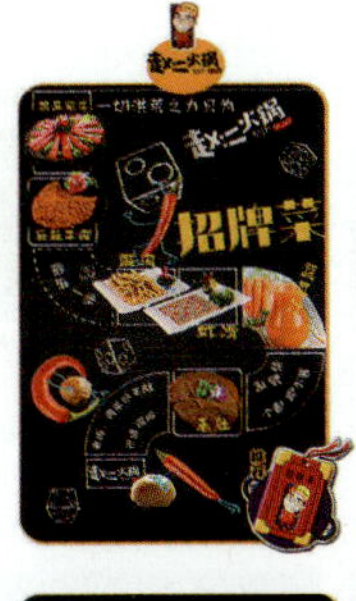

图 3-16 欢迎页设计方案 2

图 3-17 欢迎页设计方案 3

牌信息传达给用户，让用户产生新颖的视觉刺激。使用动态形式已成为UI设计的常态。如图3-18和图3-19所示，在本项目的动态启动页设计中，将重庆火锅中最重要的食材辣椒作为动态设计的主体元素，让辣椒元素模仿成“火”的动态形式，设计成由下至上的一个动态效果。

图3-18 动态启动页1

图3-19 动态启动页2

（4）banner图设计与制作。对于商业品牌UI设计而言，banner图是最好的宣传途径。banner图是网络广告中最常见的广告形式，可以用静态图形，也可用多帧图像拼接动画图像。banner图设计将所有的文案信息、产品、模特、背景、点缀物等，放置在一张画布里，以用来传递信息或情感，吸引受众的注意或某种欲望和共鸣。

如图 3-20 所示，本项目的 banner 图中文字和插画结合，放大了宣传推广活动的主题，让受众能第一时间接收到该类推广信息。其表现形式上也有创意，该项目选择实物拟人化的插画创意形式，将辣椒、西蓝花、土豆等食物进行拟人化设计，让整个画面在不脱离真实视觉感受的情况下，为画面增添更多趣味性。拟人化效果为受众起到了视觉引导的作用，提升了受众参与感。

图 3-20 “赵二火锅”banner 设计方案

任务四 “赵二火锅”品牌 UI 输出与展示

“赵二火锅”品牌 UI 输出包括标注与切图两个方面，详细方法可参考项目一任务四中的“规范标注”与“规范切图”，这里不重复讲解。“赵二火锅”品牌 UI 展示方案如图 3-21～图 3-25 所示，其交互展示方法与项目一任务四中的“H5 平台展示”方法一致，这里也不做重复讲解。

“赵二火锅”品牌 UI 输出与展示

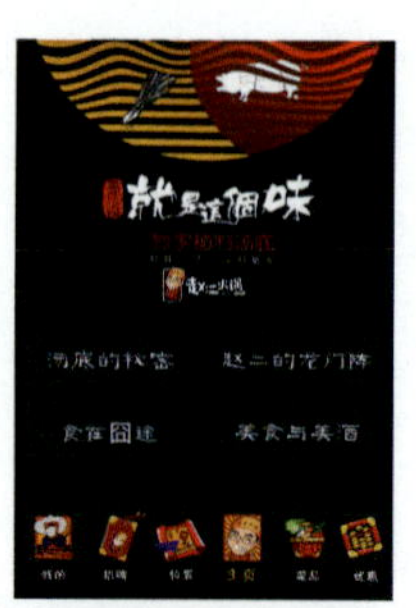

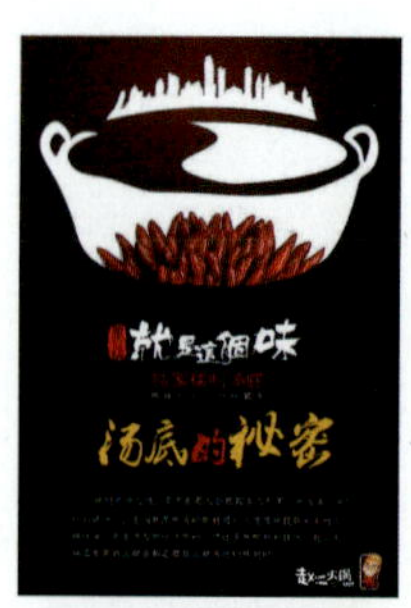

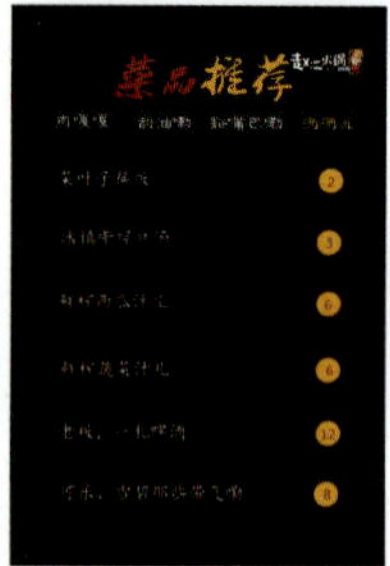

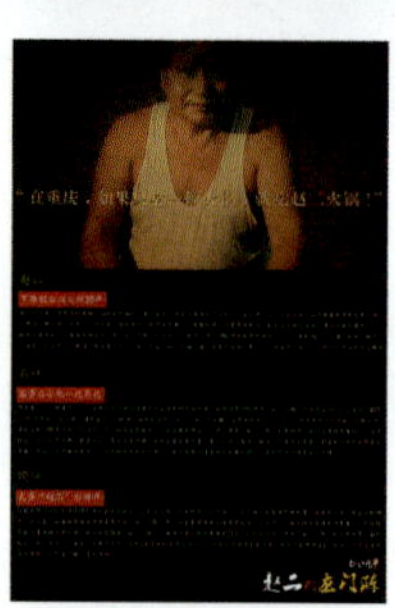

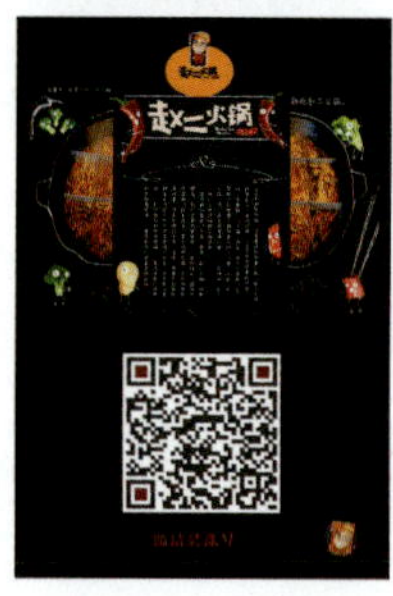

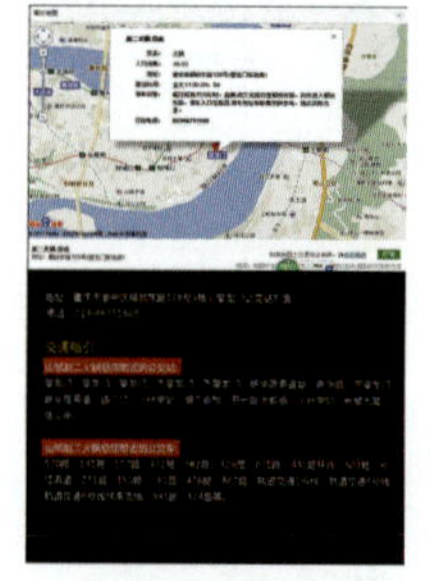

图 3-21 “赵二火锅”界面 UI 效果展示

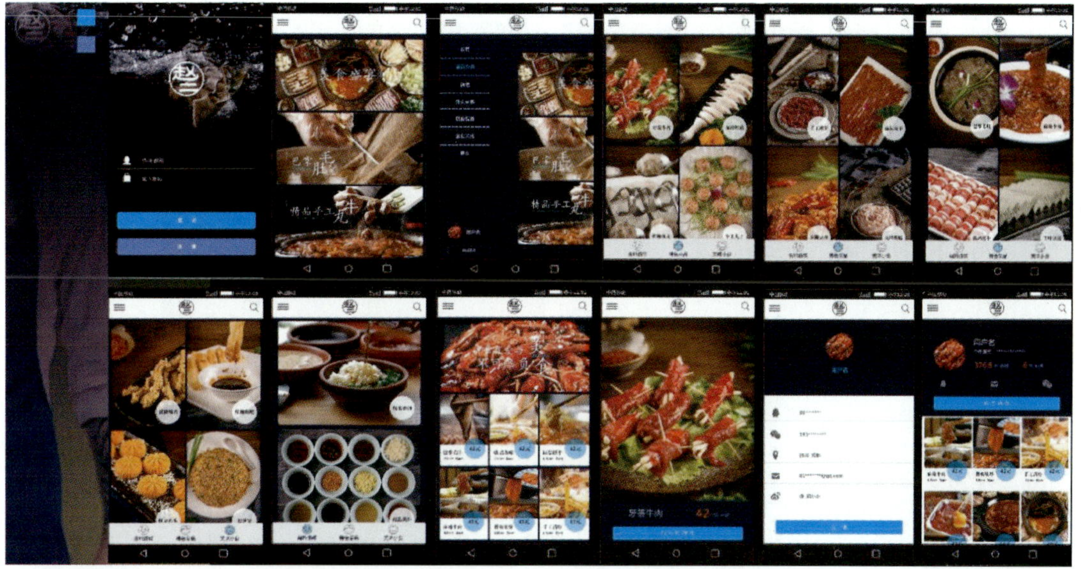

图 3-22 “赵二火锅”移动端 UI 设计方案 1

图 3-23 “赵二火锅”移动端 UI 设计方案 2

图 3-24 “赵二火锅”移动端 UI 设计方案 3

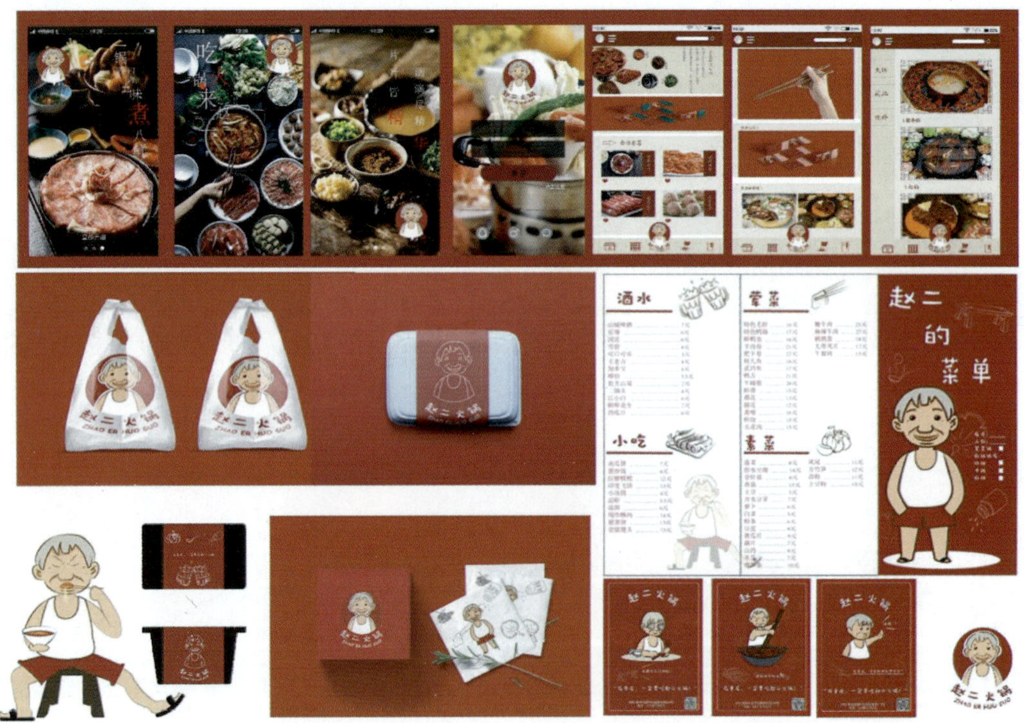

图 3-25 “赵二火锅”移动端 UI 设计方案 4

参考文献

付永民，2013．产品的气质性语言及其组织方法［J］．设计艺术研究（6）：22-30．

何冬，2017．移动终端平台下视觉形象在传统餐饮业中的应用研究［D］．成都：西南交通大学．

黄冰玉，2015．多屏时代的移动用户体验设计研究［D］．北京：北京邮电大学．

彭冰，2013．“中国木版年画的保护与传承”研讨会综述［J］．天津美术学院学报（3）：57-58．

王琳，钟蕾，2013．数字化在传统手工艺类非物质文化遗产保护与传播中的应用［J］．艺术与设计（9）：120-122．

肖萌，2016．基于移动端网页界面的设计与实现［D］．武汉：中南民族大学．

余振华，2017．术与道：移动应用 UI 设计必修课［M］．北京：人民邮电出版社．